核反应堆物理基础

主 编 郑福裕 章 超

原子能出版社

图书在版编目(CIP)数据

核反应堆物理基础/郑福裕,章超主编. —北京:原子能出版社,2010.7

(核电厂新员工入厂培训系列教材)

ISBN 978-7-5022-4986-1

Ⅰ.①核… Ⅱ.①郑… ②章… Ⅲ.①反应堆物理学—技术培训—教材 Ⅳ.①TL32

中国版本图书馆 CIP 数据核字(2010)第 131761 号

内 容 简 介

本书主要介绍了核反应堆物理的基础知识。全书共分七章,内容包括绪论、核物理基础知识、裂变反应、中子慢化与扩散、反应堆临界、反应性以及燃耗与中毒等。

本书是中国核工业集团公司《核电厂新员工入厂培训系列教材》之一,也可供从事核电工程的相关人员参考。

核反应堆物理基础

出版发行 原子能出版社(北京市海淀区阜成路 43 号 100048)

责任编辑 侯茸方

技术编辑 丁怀兰 王亚翠

责任印制 潘玉玲

印　　刷 保定市中画美凯印刷有限公司

经　　销 全国新华书店

开　　本 787 mm×1092 mm 1/16

印　　张 8 **字　数** 190 千字

版　　次 2010 年 9 月第 1 版 2010 年 9 月第 1 次印刷

书　　号 ISBN 978-7-5022-4986-1 **定　价** **40.00 元**

网址:http://www.aep.com.cn **E-mail:atomep123@126.com**

发行电话:010-68452845

中国核工业集团公司
核电培训教材编审委员会

核电厂新员工基础理论培训教材
编　辑　部

总　序

核工业作为国家高科技战略性产业，是国家安全的重要基石、重要的清洁能源供应，以及综合国力和大国地位的重要标志。

1978 年以来，我国核工业第二次创业。中国核工业集团公司走出了一条以我为主发展民族核电的成功道路。在长期的核电设计、建造、运行和管理过程中，积累了丰富的实践和理论经验，在与国际同行合作过程中，实现了技术和管理与国际先进水平相接轨，取得了骄人的业绩。

中国核工业集团公司在三十多年的核电建设中，经历了起步、小批量建设、快速发展三个阶段。我国先后建成了秦山、大亚湾、田湾三大核电基地，实现了我国大陆核电“零”的突破、国产化的重大跨越、核电管理与国际接轨，走出了一条以我为主，发展民族核电的成功之路。在最近几年中，发展尤为迅猛。截至 2008 年底，核电运行机组 11 台，装机容量 907.82 万千瓦，全部稳定运行，态势良好。

进入新世纪，党中央、国务院和中央军委对核工业发展高度重视、极为关怀，对核工业做出了新的战略决策。胡锦涛总书记指出：“无论从促进经济社会发展看，还是从保障国家安全看，我们都必须切实把我国核事业发展好”。发展核电是优化能源结构、保障能源安全、满足经济社会发展需求的重要途径。2007 年 10 月，国务院正式颁布了《核电中长期发展规划（2005—2020 年）》。核电进入了快速、规模化、跨越式发展的新阶段。

在中国核电大发展之际，中国核工业集团公司继续以“核安全是核工业的生命线”的核安全文化理念和“透明、坦诚和开放”的企业管理心态，以推动核电又好又快又安全发展为己任，为加速培养核电发展所需的各类人才，组织核电领域专家，全面系统地对核电设计、工程建造、电站调试、生产准备和生产运营等各阶段的知识进行了梳理，构造了有逻辑性、系统性的核电知识体系，形成了覆盖核电各阶段的核电工程培训系列教材。

这套教材作为培养核电人才的重要工具，是国内目前第一套专业化、体系化、公开出版的核电人才培养系列教材，有助于开展培训工作，提高培训质量、节约培训成本，夯实核电发展基础。它集中了全集团的优势，突出高起点、实用性强，是集团化、专业化运作的又一次实践，是中国核工业50余年知识管理的积淀，是中国核工业10万人多年总结和实践经验的结晶。

21世纪是“以人为本”的知识经济时代，拥有足够的优秀人才是企业持续发展的重要基础。中国核工业集团公司愿以这套教材为核电发展开路，为业界理论探讨、实践交流提供参考。

我们要继续以科学发展观为指导，认真贯彻落实党中央、国务院的指示精神，积极推进核电产业发展。特别是要把总结核电建设经验作为一项长期的工作来抓，不断更新和完善人才教育培训体系。

核电培训系列教材可广泛用于核电厂人员培训，也可用于核电管理者的学习工具书，对于有针对性地解决核电厂生产实践和管理问题具有重要的参考价值。

中国核工业集团公司总经理 孙勤

2009年9月9日

前 言

《核反应堆物理基础》是根据核电厂新员工(非操纵人员)基础理论培训的基本要求,在编写大纲、广泛听取核电厂意见的基础上编写而成的,是中国核工业集团公司核电培训教材编制规划中《核电厂新员工入厂培训系列教材》之一。

本书是诸多培训课程的重要基础,是先行课教材。针对培训对象的专业较分散、核电基础知识薄弱的特点,本书在培训开始就给学员较系统地介绍了核反应堆物理基础知识,使学员对核电厂工作的物理过程有一定的了解,也有助于学习其他相关课程。

本书的特点是深入浅出,以讲授物理概念为主,尽量避免数学解析,通过举例,结合核电厂实际,体现实用性;同时,本书也充分考虑到学科体系本身的完整性。它不同于专业性教科书,具有一定的普及性。

本书共七章。第一章绪论,介绍了核反应堆、压水反应堆、压水堆核电厂及核反应堆物理学科的基本知识。第二章是核物理基础知识,重点介绍了原子核结构、中子与物质的相互作用及中子核反应截面与核反应率等。这都是反应堆物理基础的基础。第三章介绍了可裂变核素、裂变能、裂变产物与裂变中子。第四章介绍了中子慢化与中子扩散两个物理过程。第五章讨论了反应堆临界的有关内容,是反应堆物理静态部分主要内容。第六章介绍反应性,包括反应性与反应堆周期、反应性系数和反应性控制;第七章是燃耗与中毒,重点讨论了核燃料同位素的产生与消耗,裂变产物的毒性以及堆芯寿期、燃耗、核燃料转换与换料等。第六、七章紧密结合核电厂运行过程中的一些实际的运行物理问题,重点介绍反应堆物理的动态部分,是本书的侧重点。

本书在编写和出版过程中,得到了中国核工业集团公司领导的关心支持和核工业研究生部、原子能出版社等单位和有关同志的大力帮助,在此一并表示诚挚的感谢。

由于编者水平有限,书中出现某些问题在所难免,敬请批评指正!

主编

2009 年 12 月

目　　录

第一章　绪　论

第二章　核物理基础知识

第三章　裂变反应

第四章　中子慢化与扩散

第五章　反应堆临界

第六章 反应性

第七章 燃耗与中毒

第一章 绪 论

欢迎核电厂的新员工，你们壮大了核电队伍，增添了新生力量。入厂之后，首先要接受安全教育，培养安全素养，掌握必要的基础理论，同时应该对自己的服务对象——压水堆核电厂有基本的了解。通过学习，一方面明确核电是21世纪主要能源之一，它既是干净的、经济的，又是安全的；另一方面，增强事业心、责任感，更好地发挥积极性，从而保证整个核电厂的安全运行。

本章将对以下几个基本问题予以简单介绍。

1.1 反应堆

原子核反应堆（即核反应堆，简称反应堆）是以铀（或钚）作核燃料实现受控核裂变链式反应的装置。世界上第一座反应堆是由费米等人于1942年在美国建成并投入运行的。目前，世界上已有近440座用于发电的反应堆在运行，具有其他用途的反应堆正在运行的也有数百个。

反应堆可分为均匀反应堆和非均匀反应堆。现在绝大多数都是非均匀反应堆，一般又可按用途、中子能量、结构、慢化剂、冷却剂、核燃料等分为：

1）按用途可分为研究反应堆、动力反应堆、生产反应堆和特殊用途反应堆。

- 研究反应堆，用来进行基础研究或应用研究。
- 动力反应堆，民用可供发电和生产热能，军用可作为核潜艇等舰船动力。
- 生产反应堆，用来生产钚、氚和同位素。
- 特殊用途反应堆，用于专门目的，如验证某种反应堆设计的模式堆等。

2）按引起核裂变的中子平均能量可分为热中子反应堆、中能中子反应堆和快中子反应堆。

- 热中子反应堆，主要由热中子（$E<1$ eV）引起核裂变反应。
- 中能中子反应堆，主要由中能中子（1 eV$\leqslant E\leqslant$0.1 MeV）引起核裂变反应。
- 快中子反应堆，主要由快中子（$E>0.1$ MeV）引起核裂变反应。

3）按结构可分为压力容器式堆、压力管式堆和池式堆等。

4）按慢化剂和冷却剂可分为轻水堆、重水堆、石墨气冷堆和石墨沸水堆、液态金属冷却快堆。

- 轻水堆，轻水既作慢化剂也作冷却剂，根据堆中水的工作状态又分为压水堆和沸水堆。
- 重水堆，重水作慢化剂，重水作冷却剂。
- 石墨气冷堆和石墨沸水堆，均用石墨作慢化剂，分别用二氧化碳或氦气作冷却剂。
- 液态金属冷却快堆，无慢化剂，通常以液态金属钠作冷却剂。

5）按核燃料可分为天然铀反应堆和富集铀反应堆，常采用金属铀和铀或钚的氧化物作核燃料。

目前，世界上运行的反应堆中，热中子反应堆占绝大多数。热中子反应堆主要由堆芯、反射层、控制棒、堆容器和屏蔽层构成，见图 1-1-1。

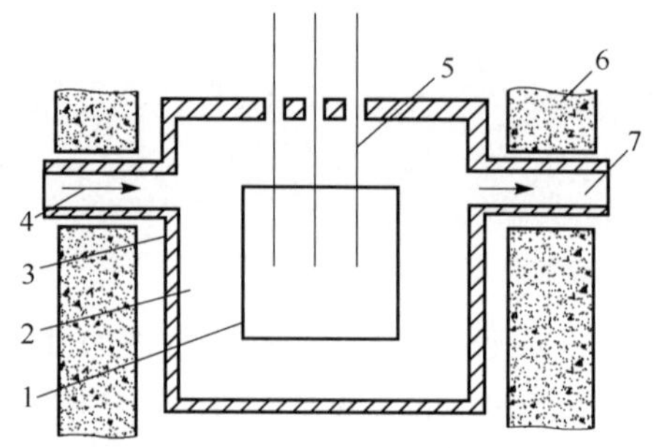

图 1-1-1　热中子反应堆示意图

1—堆芯；2—反射层；3—堆容器；4—冷却剂进口；5—控制棒；6—屏蔽层；7—冷却剂出口

堆芯又称为活性区，核燃料装在堆芯里，自持链式反应就在堆芯里进行。通常核燃料元件多为棒状、板状或管状，按一定方式组成燃料元件分布在堆芯。堆内结构将燃料组件等固定在堆芯，并为冷却剂提供流道以便将堆芯内产生的裂变核能热量传出反应堆。将强吸收中子材料做成的控制棒分布在堆芯里，通过插、提控制棒来启动反应堆、调节堆功率、实现正常停堆和事故紧急停堆。热中子反应堆堆芯的外围有反射层以减少向堆芯外泄漏的中子数，不仅可减小堆芯燃料装载量，还可以展平反应堆功率。快中子堆芯外围有再生区，用天然铀或贫化铀组成，可以在其中俘获从堆芯向外逸出的中子，以生产新的核燃料。反射层和反应堆容器外还设有屏蔽层，减少堆内中子和 γ 射线的外泄。

反应堆内各组成部分的材料应能满足化学、物理、核性能、辐照、腐蚀等方面的要求。核燃料应具有良好的辐照稳定性、热物理性能、机械性能、化学稳定性等。燃料包壳和堆芯结构材料的热中子吸收截面要小，机械性能和辐照稳定性要好。冷却剂的热物理性能要好：比热大、密度高、熔点低、沸点高等，同样也要求热中子吸收截面小、化学性能好、辐照稳定性好等。常用的冷却剂有轻水、重水、二氧化碳、钠和氦气等。慢化剂和反射层的热中子吸收截面要小，散射截面要大、与冷却剂的相容性要好，并具有良好的传热性能、良好的热稳定性和化学稳定性，其最常用的材料为轻水、石墨、重水和铍等。控制材料常选用强吸收中子的材料，如硼、银-铟-镉合金、铪、稀土元素（如钆等）的氧化物。

1.2　压水反应堆

压水反应堆是一种动力反应堆。它具有一个能承受高温高压（约 300 ℃，约 15 MPa）的压水堆本体。压水堆本体是压水反应堆的堆芯、堆内构件、压力容器和控制棒驱动机构的总称。图 1-2-1 是压水堆本体结构示意图。

反应堆冷却剂由压力容器进口接管进入，沿压力容器内侧向下，在吊篮底部向上通过流量分配板，然后向上进入堆芯，这样可将燃料元件核裂变释放的能量（热量）导出，被加热的冷却剂再经吊篮出口、压力容器出口接管流出。

压力容器外围设有保温层以减少散热损失。反应堆顶盖上驱动机构周围设有通风罩，以冷却驱动机构的电磁线圈。反应堆顶盖上还设有放气管系以便反应堆充水时排气。

下面对其四个主要部分予以简单介绍：

1. 堆芯

堆芯由燃料组件、控制组件、可燃毒物组件及中子源组件等组成。在这些组件的空间充有慢化剂和冷却剂水，形成反应堆内进行链式裂变反应的活性区域。

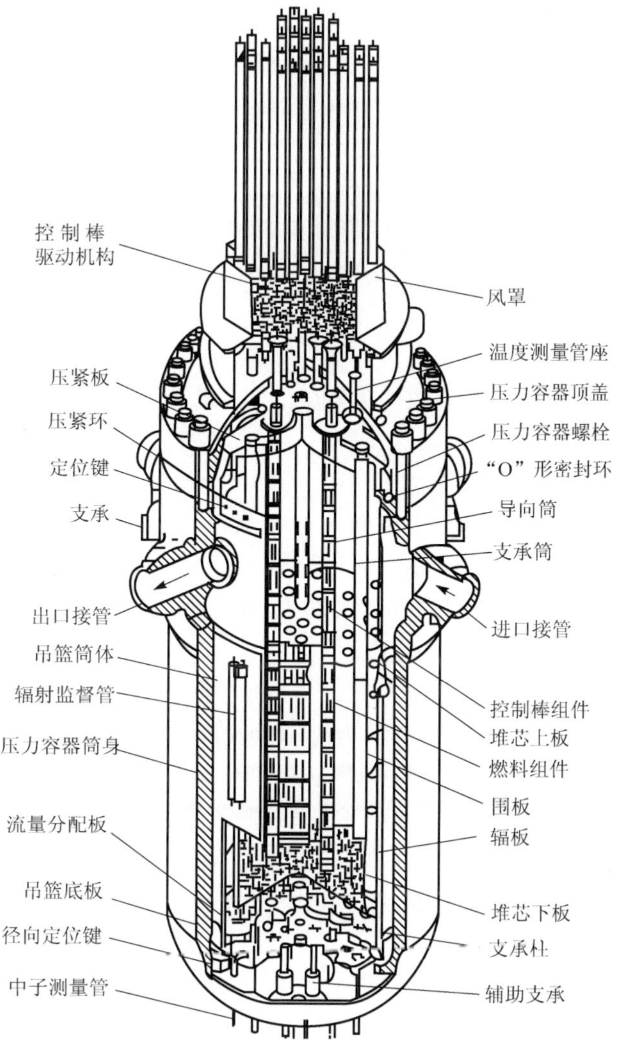

图 1-2-1　压水堆本体结构

（1）燃料组件

燃料组件是以热能形式释放核能的部件，燃料元件棒是将稍富集铀烧结的二氧化铀芯块封装在锆-4 合金包壳中构成的。用导向管、定位格架和上、下管座组成燃料组件框架，使燃料元件棒插在定位格架中而构成无盒燃料组件。

（2）控制组件

控制组件是用以控制和调节反应堆反应性的部件。将强吸收中子的材料，如银-铟-镉合金，封装在不锈钢管里构成控制棒，若干根控制棒固定在连接柄上构成控制组件。

（3）可燃毒物组件

可燃毒物组件是将含有可燃耗的中子吸收材料，如硼、钆等，封装形成可燃毒物棒，并用连接板连接而成的。它可降低补偿初始堆芯剩余反应性所需的硼浓度，避免出现正反应性温度系数。它在堆芯内合理分布，是具有展平功率作用的一种组件。

(4) 中子源组件

中子源组件由中子源棒,如^{252}Cf(锎)中子源棒、^{124}Sb(锑)-Be(铍)中子源棒,以及阻力塞与连接柄等组成。反应堆中装设中子源可在堆启动时提高中子探测效率,以确保启动安全。中子源可分为初级中子源和次级中子源两种。前者主要用于初装堆启动,现在多采用自发裂变中子源^{252}Cf,后者主要用于燃料停堆后再启动,最常用的是^{124}Sb-Be 中子源。

根据反应堆物理设计,在规定位置的燃料组件导向管中分别插入控制组件、可燃毒物组件或中子源组件。其余的燃料组件导向管中插以阻力塞组件,以减少这些导向管中冷却剂的漏流。

2. 堆内构件

堆内构件主要有堆芯下部支承构件、堆芯上部支承构件和堆芯内测量装置等组成。其主要功能是:

(1) 固定燃料组件,支承堆芯重量;

(2) 保持燃料组件的定位以及燃料组件与控制组件之间的对中,并保证控制棒的上下正常运动;

(3) 将冷却剂分流并引导冷却剂按规定的流程流动,以保证堆芯内的流量分配;

(4) 能对中子和 γ 射线起屏蔽作用;

(5) 引入和安装堆芯内测量装置等。

堆内构件材料大部分为不锈钢,少量为镍基合金。

(1) 堆芯下部支承构件

堆芯下部支承构件由吊篮筒体、密封堆芯的围板、支承和固定燃料组件的堆芯下板、加强堆芯下板刚性的支承板、保证堆芯内冷却剂流量分配的流量分配板、承受堆芯载荷的吊篮底部的下支承板以及固定在吊篮底部的支承柱等组成。

(2) 堆芯上部支承结构

堆芯上部支承结构是由支承筒将压紧板与堆芯上板连接构成的。它可使燃料组件上部准确定位并防止其上下窜动。在压紧板和堆芯上板之间装有导向筒,它可对控制棒组件导向并防止水流冲击。

(3) 堆内测量支承构件

堆内测量包括堆芯中子通量密度测量和堆内温度测量。中子通量密度测量装置由堆底部引进,外有不锈钢套管的中子探测器由压力容器底部测量装置导管引入,再经过堆芯下板伸向燃料组件中心测量导管,可测量各燃料组件的中子水平。温度测量装置位于堆顶上部,外有不锈钢套管的热电偶通过贯穿堆顶盖的两个测量装置导管引进堆内,再经上支承板和支承筒伸向燃料组件的中心测量导管,可测量堆内轴向和径向温度分布。

3. 压力容器

压力容器是动力反应堆的关键性部件,它应该是一件耐高温、耐腐蚀、承受高压、抗辐照、具有高强度的大型设备。

压力容器的作用有:

(1) 容纳和支承堆芯及堆内构件;

(2) 为冷却剂管道提供连接条件,以保证堆芯冷却;

(3) 为控制棒驱动机构及堆内测量提供安装接管座和管嘴。

压力容器材料为低合金钢，内壁衬以超低碳不锈钢及局部镍基合金堆焊层。

根据对反应堆压力容器辐照寿命的要求，可在吊篮筒体外围设置圆筒形热屏蔽或局部设置中子衬垫以减少对压力容器的辐照损伤。

4. 控制棒驱动机构

控制棒驱动机构是能驱动控制组件作上下运动的设备。现在大多数都采用磁力提升方式。

堆内构件各部件与压力容器筒身、顶盖相互之间都设有定位键、销等，用以相互定位使控制棒驱动线对中，确保控制棒能自由提升、下降和快速下落堆芯以保安全。关于压水堆本体结构将在其他课程中专门讨论。

1.3　压水堆核电厂

压水堆核电厂是利用压水反应堆将核裂变反应产生的核能转换为热能，再产生蒸汽发电的电厂。这里的压水堆是以高压欠热水作为慢化剂和冷却剂的动力反应堆。

1.3.1　组成

压水堆核电厂主要由核岛（Nuclear Island，NI）、常规岛（Conventional Island，CI）和电厂配套设施（Balance of Plant，BOP）组成。

核岛是压水堆核电厂的核心，其作用是生产核蒸汽。核岛包括压水堆厂房（安全壳）和反应堆辅助厂房以及装设在其内部的系统和设备。

核岛的系统、设备主要有压水堆本体、一次冷却剂系统（又称压水堆冷却剂系统或一回路、主系统）以及为支持一次冷却系统正常运行和保证反应堆安全而设置的辅助系统，即一回路辅助系统，包括：化学和容积控制系统、余热排出系统；专设安全设施的安全注射系统、安全壳喷淋系统、安全壳消氢系统、安全壳通风净化系统、安全壳隔离系统和辅助（应急）给水系统；放射性废物处理系统的废气处理系统、废液处理系统、固体废物处理系统；燃料装卸储存系统等。

常规岛主要包括核汽轮发电机组及其厂房和设置在厂房内的二回路系统及设施，其内容与常规化石燃料电厂类似。

电厂配套设施是指核电厂中除核岛和常规岛外的其他建筑物和构筑物以及系统。

图 1-3-1 为压水堆核电厂示意图，图 1-3-2 为压水堆核电厂系统示意图。

压水堆核电厂的反应堆芯通常有一二百个燃料组件，它们安装在压水堆的压力容器里。一次冷却剂系统包含有两条、三条或四条并联的与压力容器相连的封闭环路。每条环路含有一台蒸汽发生器、一台或两台反应堆冷却剂泵（即主泵）。整个系统设置一台设置有安全阀和卸压阀的稳压器，以控制一回路系统压力并有超压保护功能。反应堆冷却剂经过蒸汽发生器加热了二回路水，使之能产生干度为 99.75%以上的饱和蒸汽或过热度为 25～30 ℃的微过热蒸汽。二回路和核汽轮机系统与化石燃料电厂的汽轮发电机组及其汽水系统相似，但汽轮机多为饱和蒸汽汽轮机，并设置有 40%～85%排放能力的蒸汽旁排系统，以防止电厂甩负荷时一二回路超压并能减少向大气排放的蒸汽量。除此之外还设有应急电源和应急水源，以保证安全停堆和余热排出，保持反应堆处在安全状态。

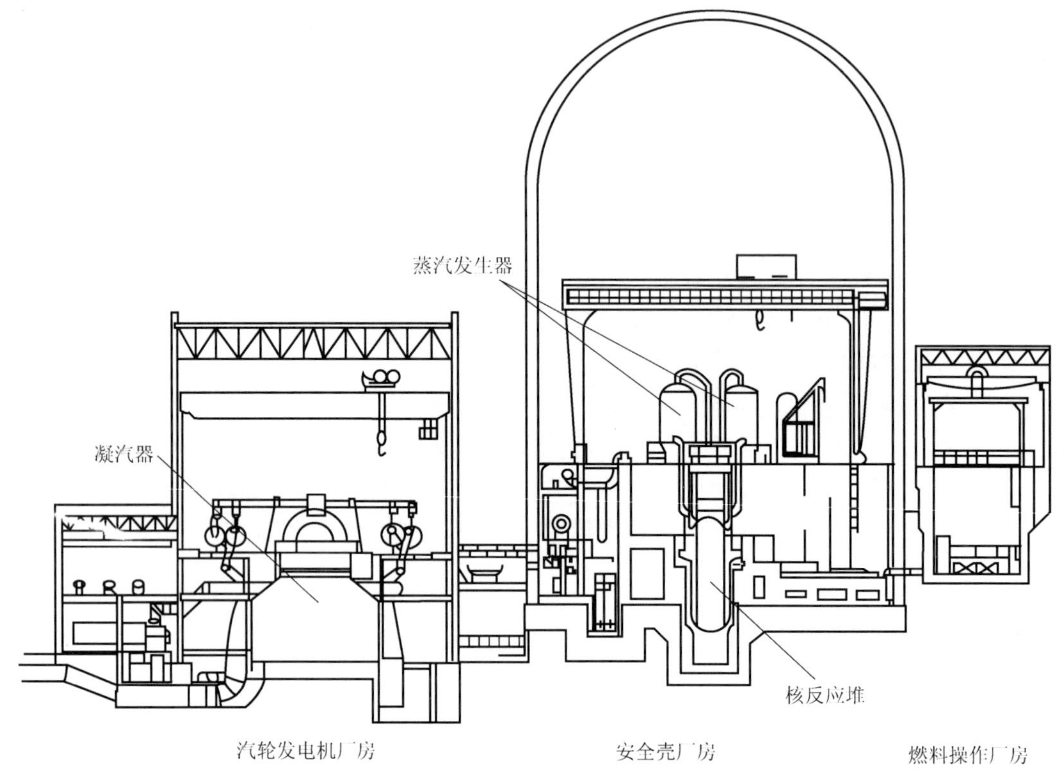

图 1-3-1 压水堆核电厂示意图

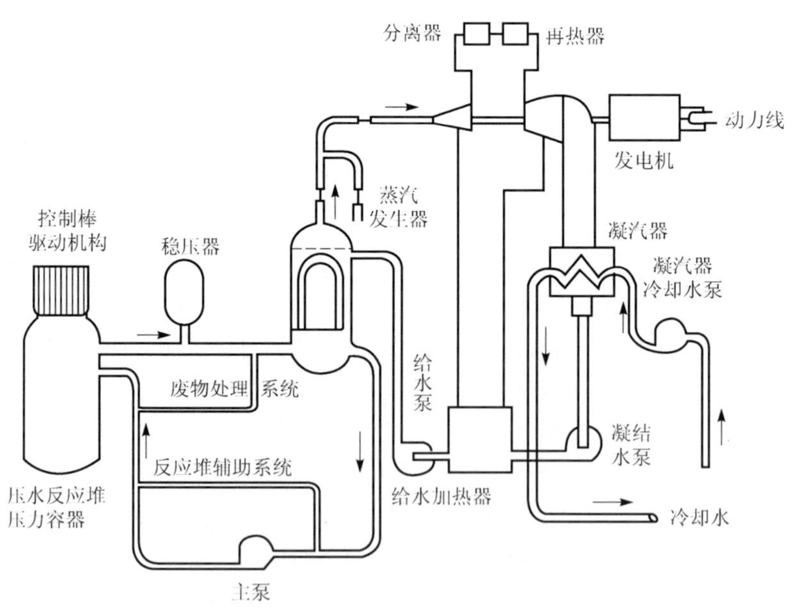

图 1-3-2 压水堆核电厂系统示意图

1.3.2 工作原理

压水堆核电厂的反应堆内，慢化剂和冷却剂是高温高压水，水中含硼，载硼是压水堆核电厂运行一大特点，通过调硼来调节堆内反应性。水从燃料组件中流过，水温升高 30 ℃左右，加热了的一回路水进入蒸汽发生器，将二回路中水加热产生蒸汽。一回路水温降低后，由主泵再送回堆芯，冷却剂就这样在一回路中循环流动。一回路运行工作压力约为 15 MPa。一回路水在压力容器出口的温度通常比运行工作压力下的饱和温度低 20 ℃左右，所以其流动状态为欠热液相流动。从蒸汽发生器出来的饱和蒸汽或微过热蒸汽进入汽轮机做功，带动发电机发电。

1.3.3 发展概况

美国 1954 年建成第一艘压水堆核潜艇“魟鱼号”。1957 年建成电功率 60 MW 希平港压水堆核电厂。1961 年美国又建成了杨基·罗压水堆核电厂，其电功率为 175 MW。20 世纪 60 年代末至 70 年代初，美国陆续建造了一大批压水堆核电厂，单堆电功率可达1 200 MW。世界各国多从美国引进技术研制自己的压水堆核电厂，其中应数法国的压水堆核电发展最快，核电容量达到世界第二位，1998 年核发电量占全国总发电量的 76%。前苏联 1964 年建成电功率 27.6 MW 的新沃龙兹原型压水堆核电厂。20 世纪 70 年代初建成一批电功率440 MW的标准设计压水堆核电厂，并向东欧各国出口。20 世纪 80 年代开始建造电功率1 000 MW的压水堆核电厂。20 世纪末开始，美、法等国陆续进行第三代核电技术研发。进入 21 世纪，世界各国新建核电厂都倾向于选择安全性更优、经济性更好的第三代核电技术。

表 1-3-1、表 1-3-2 分别给出各发展阶段不同容量的压水堆核电厂主要参数和中国压水堆核电厂主要参数。

表 1-3-1 国际上不同容量的压水堆核电厂主要参数表

参数名称	单 位	日本 美滨 1 号	德国 Stade	法国 Cpy	法国 P4	俄罗斯 ВВЭР	美国 M412	美国 CE 系统 80
电功率	MW	340	662	966	1 348	1 000	1 248	1 382
热功率	MW	1 031	1 892	2 785	3 817	3 000	3 411	3 800
环路数		2	4	3	4	4	4	2
每环路冷却剂流量	t/h	12 644	11 000	17 550	16 420	16 000	17 350	25 288
反应堆运行压力	MPa	15.5	15.5	15.5	15.5	15.7	15.5	15.5
冷却剂进口温度	℃	294	284.6	287.5	293	289.7	287.5	296
冷却剂出口温度	℃	322	311.1	325	328.4	320	325	328
蒸汽压力	MPa	5.5	5.0	5.8	6.8	6.0	6.1	7.03
蒸汽温度	℃	270	265	278	285.3	274.3	278	285
汽轮机转数	r/min	1 800	1 500	1 500	1 500	3 000	1 500	1 800
堆芯等效直径	m	2.47	2.99	3.04	3.37	3.16	3.73	3.65
堆芯高度	m	3.05	3.05	3.66	4.25	3.53	3.66	3.81
平均功率密度	kW/L	71	85.6	105	103.9	108	105	95.6
燃料装量	t	40	56.0	63.9	78.6	76	89	116
^{235}U 富集度	%	3.2	3.29	3.2	3.16	4.4	3.2	3.2

续表

参数名称	单　位	日本 美滨1号	德国 Stade	法国 Cpy	法国 P4	俄罗斯 BBЭP	美国 M412	美国CE 系统80
设计燃耗	MW·d/tU	31 500	32 500	35 000	33 000	40 000	45 000	45 000
燃料组件数		121	157	157	193	161	193	241
燃料棒外径	mm	10.70	9.5	9.5	9.5	9.1	9.5	9.5
包壳壁厚	mm	0.62	0.57	0.57	0.57	0.57	0.57	0.57
燃料棒线功率	kW/m	15.5	16.7	17.8	17.5		17.8	18.14
反应堆容器直径	m	3.3	4.40	4.39	4.40	4.57	4.10	4.62
反应堆容器高度	m	11.0	12.5	13.20	13.6	19.122	13.2	16.2
投入运行年份		1970	1972	1980	1985	1990	1992	1993

表 1-3-2　中国压水堆核电厂主要参数表

参数名称	单　位	秦山机组	秦山第二核电厂机组	大亚湾1、2号机组	岭澳1、2号机组	田湾(连云港)1、2号机组	台湾马鞍山1、2号机组
电功率	MW	310	640	985	990	1 000	951
热功率	MW	1 035	1 930	2 895	2 895	3 000	2 785
环路数		2	2	3	3	4	4
每环路冷却剂流量	t/h	12 000	24 000	16 754	16 754	21 500	16 530
反应堆运行压力	MPa	15.2	15.5	15.2	15.2	15.7	15.7
冷却剂进口温度	℃	287.9	193.8	292.4	293.4	289.7	291.7
冷却剂出口温度	℃	316.1	327.2	327.6	328	321	328.7
蒸汽压力	MPa	5.5	6.66	6.6	6.6	6.27	6.56
蒸汽温度	℃	270	282	282	280	278	281
汽轮机转数	r/min	3 000	3 000	3 000	3 000	3 000	1 800
堆芯等效直径	m	2.40	2.67	3.2	3.2	3.16	3.04
堆芯高度	m	2.90	3.66	3.66	3.66	3.53	3.66
平均功率密度	kW/L	73.5	94.3	109	107	108	105.5
燃料装量	t	40.7	55.8	72.4	72.4	76	66.64
^{235}U富集度	%	3.4	3.4	3.04	3.04	4.4	3.80
设计燃耗	MW·d/tU	30 000	32 000	33 000	33 000	40 000	40 000
燃料组件数		121	121	157	157	163	157
燃料棒外径	mm	10.0	9.5	9.5	9.5	9.1	9.35
包壳壁厚	mm	0.70	0.57	0.57	0.57	0.57	0.57
燃料棒线功率	kW/m	14.5	16.1	18.6	18.2		17.81
反应堆容器直径	m	3.73	3.55	4.39	4.39	4.57	3.98
反应堆容器高度	m	10.71	12.975	13.2	13.2	19.122	13.0
投入运行年份		1991	2003	1993	2003	2005	1985

1.4 反应堆物理

反应堆物理是研究在各种增殖系统及有关介质内中子的时间、空间及能量分布的一门科学。某些与中子学有关的安全问题、核动力系统中的燃料经济与管理问题、新型裂变材料问题等也都属于本学科的研究领域。研究的核心是中子增殖系统的物理性能。

反应堆物理这门新学科基本上建立在两方面知识基础上:其一,中子核反应的一些基本实验结果,特别是各种核素的中子吸收、散射和裂变截面随中子能量变化的规律。反应堆物理利用了核物理中的这些成果,对中子核反应的微观截面加以整理、编辑和评价后,作为反应堆物理的基本数据;其二,描述中子群体空间运动及增殖过程的数学模型。

反应堆物理的研究方法是利用已知核截面规律,用数学模型或实验方法定量描述中子群体时间、空间的输运及增殖过程,并计算出一些主要的物理参量来表述中子增殖系统的物理性能。这包括临界特性、反应性、功率分布、动态参数、燃耗、增殖特性等。

反应堆物理研究以下几部分内容:

(1) 核能发展技术路线的物理研究。根据本国的自然资源及经济发展前景,探讨各种反应堆的技术经济特性,确定发展不同类型反应堆的战略部署。例如,铀资源的保护、钍资源的利用以及新一代反应堆堆型的研发等;

(2) 中子物理常数的整理、评价和编辑;

(3) 反应堆物理实验数据的测量、整理、评价和编辑以及新的反应堆物理实验用设备的研制和新测量技术方法的研发;

(4) 反应堆物理计算用数学模型及计算程序的研发;

(5) 与中子增殖系统临界有关的安全概念的研究(核电厂的安全性能在相当程度上与反应堆的物理性能有关);

(6) 各种新型反应堆的概念及在反应堆内可裂变材料实现转换或增殖的研究。例如,钍-铀转换反应堆中钍的利用,快中子反应堆中钚的生成等都与反应堆的基本物理性能及中子平衡分配额有密切关系。

反应堆物理可分为反应堆物理计算与反应堆物理实验两大部分。早在20世纪40年代费米等人在筹建世界上第一座反应堆时,热中子反应堆物理研究工作就已经开始了。但直到20世纪60年代,由于中子微观截面数据不全、精度不高,当时计算技术较弱、设备条件较差、理论模型简单等原因,理论计算结果不理想,往往与实验结果不符,误差较大,仍需要大量反应堆物理实验研究工作,以校核计算方法,为物理设计提供可靠的依据。随着核截面数据不断完善、计算机更新换代速度飞快,计算速度和计算精度大大提高、理论模型逐渐完善,热中子反应堆物理的大部分问题都可以用计算方法来解决,但在进行与安全有关的多维时空动态、新型热中子反应堆和钍-铀燃料循环研究时,反应堆物理实验仍然非常重要。

快中子反应堆物理情况稍有不同。快中子反应堆的物理特性要比热中子反应堆复杂得多。现阶段还不能依靠理论来解决快中子反应堆堆芯及安全特性的全部工作,仍需通过反应堆物理实验进行研究。所以在快中子反应堆领域中,反应堆物理的理论与实验两方面仍有待进一步研发。

因为核物理是反应堆物理的基础，所以一开始必须先介绍必要的核物理基础知识，以为后面反应堆物理的讨论打下基础。根据循序渐进的原则，考虑到反应堆物理学科的系统性，先讨论反应堆静态(稳态)物理，后介绍反应堆动态物理。

复习思考题

1. 什么是反应堆？简述热中子反应堆的基本结构。
2. 什么是压水反应堆？压水堆本体主要含哪几个部分？
3. 什么是压水堆核电厂？压水堆核电厂主要由哪几个部分组成？
4. 简要说明反应堆物理的研究对象和研究方法。

第二章 核物理基础知识

欧洲各国文字中的“原子”(英文:atom)一词都来源于希腊文“atomos”,是“不可分割”的意思。在公元前 4 世纪,古希腊哲学家德谟克利特(Democritus,约前 460—前 370)继承和发展了留基伯的原子论,认为原子是组成物质的最小单元,他的原子论后来又被伊壁鸠鲁和克莱修所继承,再后来到 19 世纪初被英国化学家、物理学家道尔顿(John Dalton,1766—1844)所发展,从而形成了近代的科学原子论。但是,他们在继承留基伯的原子说时,也延续了留基伯原子不可分的思想,从而留下了永久的遗憾。

原子是否真的“不可分割”呢? 19 世纪末 20 世纪初,经过科学家们的努力,人们逐渐认识到原子也有其一定的内部结构,并非不可分割。在 1895 年、1896 年和 1897 年,随着 X 射线、放射性和电子的相继发现,特别是 1911 年卢瑟福(E. Rutherford)提出原子核式模型以后,原子的内部结构也就逐渐展现在人们面前。从那以后,原子就被分成两部分来研究:一是处于原子中心的原子核,一是绕核运动的核外电子。后者的运动是原子物理学研究的主要内容,而前者则是本章所要介绍的对象。

作为核反应堆物理课程的理论基础,本章将概括地介绍原子核的结构,中子与物质的相互作用机理和形式,中子核反应截面和核反应率等知识。

2.1 原子核结构

2.1.1 质子与中子

从中学的教科书上,我们已经有了这样一个常识:世界上的一切物质都是由原子构成。例如,水由两个氢原子和一个氧原子构成的水分子组成,氧气由两个氧原子构成的氧分子组成。相对于宏观世界,原子本身已是微乎其微,其直径大约只有一亿分之一厘米(数量级为 10^{-10} m)。如果将原子比作跳棋珠,那么实际的跳棋珠就有月球那么大!

2.1.1.1 原子核

原子虽小,但还可以细分为原子核和核外电子。原子核(nucleus)是原子中带正电的核心,其直径只有原子直径的万分之一(数量级为 $10^{-14}\sim10^{-15}$ m),质量却占原子质量的 99.9%以上。原子核周围则有一定数量的、比核更小、质量几乎可忽略不计的带负电的电子,它们被原子核控制着,围绕核飞快地旋转,宛如行星绕太阳不停地旋转。如果将原子比作操场,那么原子核相当于置于操场中心的一粒米,而电子就好似从操场一端到另一端围绕这粒米无休止地飞舞着的细菌,其余部分则全是虚无的空间!恰似浩瀚的宇宙,星体只不过是微不足道的颗粒,而虚无则占据着几乎整个太空!

原子核是如此的渺小,但它仍可再分。20 世纪 30 年代初,在查德威克(J. Chadwick)发现中子后,海森堡(W. Heisenberg)很快提出原子核由质子(proton)和中子(neutron)这两种更小的粒子组成。后经研究发现,质子和中子除了有微小的质量差以及电荷的差异外,其余性质非常相似，于是，海森堡统称它们为核子(nucleon)，并将质子和中子看作核子的两个不同状态。

质子和中子的搭配数目不同，构成不同原子的原子核。最小的核家族成员只有 1 个质子，它就是氢原子核；比它大一号的元素是氦，氦的原子核由两个中子和两个质子构成；第六号元素是碳，其存在的最主要形式碳-12 的原子核有 6 个质子和 6 个中子……。自然界中，最大的核家族是铀，其在自然界中存在的最主要形式的原子核由 92 个质子和 146 个中子构成。大自然的多姿多彩在于物质的多样化，多样化的物质由不同的原子通过不同的方式组合产生，而这不同的原子却是由相同的质子和中子经过不同数目的组合方式构成。茫茫宇宙，自然万物，竟然由小得不可想象的质子和中子通过“拉帮结派”的方式构成和决定着，神奇的物质世界真是令人不可思议！

现在我们知道，原子由原子核和带负电荷的核外电子构成，原子核由带正电的质子和不带电的中子组成，而原子本身呈电中性，由此可知质子电量应等于核外电子的总电量。质子带单位正电荷，电子带单位负电荷，所以在中性原子中，质子数＝电子数；质子数也代表核电荷数，称为原子序数。

原子核的质量数可看成是核内中子数和质子数之和，我们用 A 表示。由于质子和中子的质量都接近于 1 原子质量单位(1 原子质量单位 amu，或 u，等于 1 个 ^{12}C 中性原子处于基态的静止质量的 1/12，即 $1\ u = 1.660\ 539\times10^{-27}$ kg)，所以原子核的质量接近于 A 个原子质量单位。我们将原子核用符号 $^{A}_{Z}X_{N}$ 来表示，其中，N 为核内中子数，Z 为质子数，A 为质量数，也是核内核子数，X 代表与 Z 相关的元素符号。例如，$^{1}_{1}H_{0}$，$^{16}_{8}O_{8}$，$^{235}_{92}U_{143}$ 等。实际上，因为 X 和 Z 是一一对应的，又 $A=N+Z$，所以只要简写成 ^{A}X，就足以代表一个特定的核素。只要 Z 一定，那么 X 就一定，也就表示是同一种元素，其在元素周期表中的位置就一定，它们的化学性质就基本相同。但是由于 A 可能存在差异，也就是核内中子数 N 不同，会导致它们的核性质完全不同。例如，^{235}U 和 ^{238}U，都是铀元素，其核内质子数都是 92，两者仅相差 3 个中子，它们的化学性质和一般物理性质几近完全相同；但它们的核性质却相去甚远：前者是产生核能的关键原料，而后者在初期往往是我们需要淘汰的废料；但后来发现，^{238}U 可以转化为易裂变的 ^{239}Pu，所以它是非常重要的可转换核(fertile nucleus)。相同的元素名，有着相同的“姓氏”，为什么它们的核性质会存在这么大的差异呢？在后面的章节中，我们会作出相应的解释。

2.1.1.2 质子

前面已经提到过，质子是核子的一种，用符号 p 来表示，它和中子一起构成原子核，质子数＋中子数＝原子的质量数。质子带 1 个单位正电荷，它带的电量等于电子带的电量，只是电性相反。这种核子事实上就是氢的原子核，也就是不带电子的氢原子。因此，质子的质量等于氢原子的质量减去电子的质量，用原子质量单位来表示

$$\text{质子质量 } m_{p} = 1.007\ 276\ \text{u} = 1.672\ 622\times10^{-27}\ \text{kg}$$

通过 2.1.1.1 的学习，我们还了解到原子核内的质子数决定元素的名称，也决定该元素在周期表中的原子序数和核外的电子总数。

在中学课本中，我们知道在电荷世界中存在一个普遍的规律，就是所谓的“同性相斥”，

质子都带有正电荷,互相之间总是针锋相对、相互排斥,那么是什么原因使得这些质子能和睦相处、共存于一个狭小的原子核中呢?下面我们来了解这个起“调解”作用的大好人——中子。

2.1.1.3 中子

中子是在1932年,由英国物理学家查德威克用α粒子轰击铍、硼原子的实验中首先发现的。它的发现对核物理和原子核化学起了巨大的作用。中子是不带电的中性粒子,它同质子一样,是组成原子核的一种核子,常用n表示。中子的静止质量略大于质子的静止质量,用原子质量单位来表示

$$\text{中子质量 } m_n = 1.008\ 665\ \text{u}$$
$$= 1.674\ 928 \times 10^{-27}\ \text{kg}$$

中子呈电中性,因此当中子接近原子核时不受原子核内质子正电的斥力,易进入原子核内部,故常用作轰击粒子以引起核反应。中性的中子与质子之间非但不存在同种电荷的斥力(也叫库仑斥力),相反它们具有很强的相互吸引的作用力,也就是核力,正是靠着这种核力,“掺和”在质子之间的中子得以将质子牢牢地吸引在一起,形成不同种类的原子核。

在原子核内,中子是组成核的稳定粒子,但在原子核外的中子,即自由中子是不稳定的,一个自由中子的寿命是888.6 s,约为15 min,其半衰期 $T_{1/2}$ = 10.6 min,最后衰变为一个质子、一个电子和一个反中微子,即

$$n \longrightarrow p + e + \bar{\nu}_e \tag{2-1-1}$$

由此,大家是否更能理解:1)为什么中子质量略大于质子;2)为什么质子带正电,而中子呈电中性?

在原子核内,中子与质子之间也是可以互相转化的,在转化过程中还会有其他粒子伴随产生。

压水堆中核裂变释放的瞬发中子的平均寿命一般为 $10^{-3} \sim 10^{-4}$ s,远小于自由中子的半衰期,所以可以不考虑中子的不稳定性。

根据量子理论,中子在与物质相互作用时具有波粒二象性,即它既具有粒子性,也具有波动性。中子的波长

$$\lambda = \frac{2.86 \times 10^{-11}}{\sqrt{E}}\ (\text{m}) \tag{2-1-2}$$

式中,E 为中子能量,单位为电子伏(eV)。

在反应堆中,由于中子能量的不同,中子与原子核相互作用的方式、概率也不相同。为了方便讨论,常将中子按能量大小分为三种,即

(1) 快中子:能量>0.1 MeV;

(2) 中能中子:能量为1 eV~0.1 MeV;

(3) 热中子:能量<1 eV。

在压水堆里,引起可裂变核裂变的主要是热中子。在反应堆物理分析中,通常将能量高于热中子的中子统称为超热中子。

2.1.2 核素与同位素

核素是具有特定质量数 A、原子序数 Z 和核能态 m,而且其平均寿命长得足以被观察

的一类原子。质子数或中子数不同的原子是不同的核素。例如，$^{39}_{19}$K 的核是由 19 个质子和 20 个中子组成的，它与$^{40}_{19}$K（含 19 个质子和 21 个中子），或与$^{27}_{13}$Al（含 13 个质子和 14 个中子）是不同的核素。有些原子核尽管质子数、中子数都相同，但能态不同且放射性不同，也是不同的核素。根据质量数 A、质子数 Z、中子数 N 和能态 m 的不同，可以把核素分成以下几类：

（1）同位素：是具有相同原子序数（质子数相同），但质量数不同的核素。它是同一种元素而中子数不同的核素，它们在周期表上占据同一个位置。自然界存在的元素往往是由几种同位素所组成，并且各种同位素的含量有一定的比例，这种比例称为同位素的丰度。例如，自然界存在的氧有三种同位素，即$^{16}_{8}$O、$^{17}_{8}$O 和$^{18}_{8}$O，它们的丰度分别为 99.759%、0.037% 和 0.204%。又例如，自然界存在的铀也有三种同位素，即$^{238}_{92}$U、$^{235}_{92}$U 和$^{234}_{92}$U，它们的丰度分别为 99.274%、0.720%和 0.006%；

（2）同中子异荷素：是具有相同中子数、不同质子数的核素，如，$^{2}_{1}$H 和$^{3}_{2}$He；

（3）同量异位素：是具有相同质量数、不同质子数的核素，如，$^{40}_{18}$Ar 和$^{40}_{19}$K；

（4）同质异能素：是具有相同质子数和相同中子数、但所处能量状态不同的核素，一般是指处于激发态和基态的核素。如，处在基态和亚稳激发态的^{234}Pa 都发生 β^- 衰变，但其半衰期不同，前者为 6.75 h，后者为 1.175 min，这两种同质异能素的区分方法为在该核素左上标表示的质量数后加 m，即^{234m}Pa 为^{234}Pa 的同质异能素。

现在已知的核素有 2 000 多种，其中 300 多种为天然存在的核素（包括 280 多个稳定核素和 60 多个寿命很长的天然放射性核素），其余 1 600 多种为 1934 年以来人工制造的放射性核素。

2.1.3 放射性与原子核衰变

2.1.3.1 原子核的稳定性

原子核的稳定性，是指原子核不会自发地改变其质子数、中子数和它的基本性质。按原子核的稳定性可分为稳定原子核和不稳定原子核（即放射性原子核）两类。原子核的稳定性存在以下规律：

（1）质子数等于或大于 84 的原子核是不稳定的。即原子序数 84 以后的元素均为放射性元素。

（2）质子数小于 84 的原子核，质子数和中子数均为偶数时，其核稳定。

（3）质子数或中子数等于 2，8，20，28，50，82，126 的原子核特别稳定。这些数称为幻数。质子数和中子数都是幻数的原子核，称为双幻数核。

（4）在 $Z<20$ 时，中子数和质子数之比 n/p=1，原子核稳定。随着原子序数增加，n/p 值增大，比值越大，稳定性越差。

2.1.3.2 放射性

放射性是某些核素自发地放出粒子或 γ 射线，或在轨道电子俘获后放出 X 射线，或发生自发裂变的性质。能自发放射出各种射线的核素称为放射性核素。

放射性核素可分为天然放射性核素和人工放射性核素两种。天然放射性核素是自然界天然存在的放射性核素，而人工放射性核素则是利用反应堆或加速器等人工生产的放射性核素。目前已知的 2 000 多种放射性核素中，绝大多数是人工放射性核素。

2.1.3.3　原子核衰变

原子核衰变是一个原子核自发放射出 α 粒子或 β 等粒子而本身转变成另一种原子核的现象。由于衰变的过程通常都伴随着射线的发射，所以不稳定核素的衰变也叫做放射性衰变。放射性核素衰变的快慢通常用半衰期 $T_{1/2}$ 来表示，它的定义为一定量的原子核数衰变到只剩下初始值一半所需要的时间。不同的放射性核素半衰期长短相差可能很悬殊，短的小于 10^{-9} s，而长的半衰期可达 10^{10} a。

人类认识原子核开始于 1896 年。是年 3 月，法国物理学家贝克勒尔首先发现了铀的放射性现象；1898 年，居里夫妇先后发现了放射性钍、钋和镭。这些天然放射性元素的发现轰动了整个科学界，标志着原子核物理学的开端。因此贝克勒尔和居里夫妇共同获得 1903 年的诺贝尔物理学奖。当时，科学界为了表彰他的杰出贡献，将放射性物质的射线定名为“贝克勒尔射线”。我们现在知道，放射现象为我们了解原子核内部运动提供了许多重要信息，同时它又在工业、农业、医学等多个领域发挥了广泛而十分重要的作用。

迄今为止，人们已发现的原子核衰变主要有 α 衰变、β 衰变、γ 衰变、同质异能跃迁和自发裂变等几种形式。下面分别作简单介绍。

(1) α 衰变：放出带两个正电荷的氦核 ${}^{4}_{2}He$，即 α 粒子。一般表示为：

$$ {}^{A}_{Z}X \longrightarrow {}^{A-4}_{Z-2}Y + {}^{4}_{2}He \tag{2-1-3}$$

式中，X 表示原子核（母核），Y 为新生核（子核），A 为原子核的质量数，Z 为原子核的原子序数（质子数）。以 Ra（镭）发生 α 衰变为例：

$$ {}^{226}_{88}Ra \longrightarrow {}^{222}_{86}Rn + {}^{4}_{2}He(\alpha) \tag{2-1-4}$$

(2) β 衰变：原子核自发放射电子或正电子或俘获一个轨道电子而发生的转变统称为 β 衰变。β 衰变有三种形式：β^- 衰变（放出电子，同时放出反中微子）、β^+ 衰变（放出正电子，同时放出中微子）和电子俘获（EC，即原子核俘获一个核外电子）。其中，最常见的是 β^- 衰变，一般表示为：

$$ {}^{A}_{Z}X \longrightarrow {}^{A}_{Z+1}Y + e^-\ (\beta^-) + \bar{\nu} \tag{2-1-5}$$

式中，e^- 为电子，$\bar{\nu}$ 为反中微子（不带电，通常不考虑）。这种 β 衰变的例子很多，比如：

$$ {}^{239}_{92}U \xrightarrow{T_{1/2}\ =\ 23\ \text{min}} {}^{239}_{93}Np + \beta^- \tag{2-1-6}$$

$$ {}^{239}_{93}Np \xrightarrow{T_{1/2}\ =\ 2.3\ \text{d}} {}^{239}_{94}Pu + \beta^- \tag{2-1-7}$$

(3) γ 衰变：放出波长很短（往往小于 0.01 nm）的电磁辐射，即 γ 辐射（或称 γ 光子），它经常伴随 α 衰变或 β 衰变产生。α 衰变或 β 衰变所形成的子核，全部或大部分处于不稳定的激发态，当子核从高激发态向低激发态或基态跃迁时放出 γ 射线的现象称为 γ 衰变（或称 γ 跃迁）。γ 衰变的母核和子核，其电荷数和质量数都不变，只是原子核内部状态不同。

(4) 同质异能跃迁：同质异能素发生的 γ 跃迁。

一般而言，原子核处于激发态的寿命都非常短暂，典型值为 10^{-14} s。但是，也有一些激发态处于亚稳态，其寿命较长，一般长于 0.1 s，处于这种寿命较长的激发态的核素，称为同质异能素。同质异能素，在核素符号的质量数后加 m 表示，它与处于基态的核素具有相同的电荷数和质量数。例如，${}^{60m}Co$ 与 ${}^{60}Co$ 的电荷数和质量数都相同，但二者半衰期不同，前者 $T_{1/2}$＝10.5 min，后者 $T_{1/2}$＝5.27 a。

（5）自发裂变：处于基态或同质异能态的原子核在没有受到外加粒子或能量的情况下自发分裂为两个或几个质量相近的原子核的现象。自发裂变和 α 衰变是重核衰变的两种不同方式，两者有竞争。对于铀原子核，它的自发裂变与 α 衰变相比，概率很小，但对某些人工产生的超铀元素，例如^{252}Cf 的自发裂变则是主要衰变形式。现在，很多压水堆核电厂都采用能自发裂变的^{252}Cf 作为初级中子源。

2.1.3.4 放射性衰变规律

（1）指数衰变率

核衰变是原子核自发产生的变化，是一个量子跃迁的过程，服从量子力学的统计规律。对于任何一个放射性核素，它发生衰变的精确时刻是无法预知的，但对足够多的放射性核素的集合，它的衰变规律是十分确定的。对于任何一种放射性原子核，在每一时刻的衰变率都正比于当时存在的放射性核素的原子核数。因此，如果 $N(t)$ 表示在 t 时刻的原子核数，则有

$$\frac{\mathrm{d}N(t)}{\mathrm{d}t}=-\lambda N(t) \tag{2-1-8}$$

式中，λ 是这种放射性核素的衰变常数，代表这种核素的一个原子核在单位时间内发生衰变的概率，其大小决定了此原子核素衰减的快慢，它只与放射性核素的种类有关。设 $t=0$ 时，原子核的数目 $N(0)=N_0$，(2-1-8)式积分可得一指数函数

$$N(t)=N_0\mathrm{e}^{-\lambda t} \tag{2-1-9}$$

这就是放射性衰变服从的指数规律。

（2）半衰期

放射性核素衰变其原有核素一半所需要的时间，称之为半衰期，用 $T_{1/2}$ 表示，即当 $t=T_{1/2}$ 时，$N=N_0/2$，代入(2-1-9)式得：

$$N_0/2=N_0\mathrm{e}^{-\lambda T_{1/2}}$$

解得

$$T_{1/2}=\ln 2/\lambda=0.693/\lambda \tag{2-1-10}$$

由此可知，半衰期 $T_{1/2}$ 与衰变常数 λ 成反比，λ 越大，$T_{1/2}$ 越小，它们都是放射性核素的特征常数。

例如，^{239}Np 的半衰期为 2.35 d，这意味着经过 2.35 d 时间，^{239}Np 的原子核数就减少了一半；但再经过 2.35 d，并非全部^{239}Np 都衰变完，而是又减少了一半，即剩下的^{239}Np 为原来的 1/4。

知道某些物质的半衰期，利用指数衰变率，我们可以估计地球的年龄。假定在地球形成时，天然铀中^{238}U 和^{235}U 的含量相等，但现在天然铀中^{238}U($T_{1/2}\approx4.5\times10^9$ a)占 99.3%，^{235}U($T_{1/2}\approx0.7\times10^9$ a)仅占 0.72%，由(2-1-9)式和(2-1-10)式可得

$$\begin{aligned}N_{235}/N_{238}&=N_0\mathrm{e}^{-\lambda_{235}t}/N_0\mathrm{e}^{-\lambda_{238}t}=\mathrm{e}^{(\lambda_{238}-\lambda_{235})t}\\&=\exp[0.693(1/4.5\times10^9-1/0.7\times10^9)t]=\mathrm{e}^{-0.836t}=0.0072\end{aligned}$$

解得

$$t=5.9\times10^9\ \mathrm{a}$$

即，地球的年龄约为 59 亿年。

(3) 平均寿命

放射性核素的平均寿命,是指在某特定状态下原子核素的平均存活时间,用 τ 表示。对某一种核素而言,其平均寿命 τ 是常数,它与衰变常数 λ 互为倒数。即

$$\tau = 1/\lambda \tag{2-1-11}$$

将(2-1-11)式代入(2-1-10)式可得

$$\tau = 1/\lambda = T_{1/2}/\ln 2 = 1.44T_{1/2} \tag{2-1-12}$$

即,平均寿命 τ 比半衰期 $T_{1/2}$ 长,约为 $T_{1/2}$ 的 1.44 倍,或 $T_{1/2}=\tau\ln 2=0.693\tau$。

2.1.4 原子核的结合能

原子核的结合能是将一个核子从一个原子核中取出所需的净能量,或将一个原子核分解为其组成核子所需的净能量(有时也称为分离能)。核反应堆与原子弹、氢弹所释放出的巨大能量就是原子核的结合能变化时放出的能量,简称核能。核能的释放都是由于原子核内发生变化,是质子、中子重新分配的结果,核外电子不发挥作用。

2.1.4.1 $E=mc^2$

1905 年爱因斯坦发表了著名的相对论,并给出了质能关系式

$$E = mc^2 \tag{2-1-13}$$

其中,m 为物质质量;E 为与 m 相对应的能量;c 是真空中光的传播速度。
其微分形式为

$$\Delta E = \Delta mc^2 \tag{2-1-14}$$

(2-1-14)式表示了体系能量的变化和质量变化的相互关系。体系的质量发生变化,其能量就一定随之发生变化,反之亦然。质量和能量都是物质的属性。只有质量而没有能量或只有能量而没有质量的物质是不存在的。

2.1.4.2 “1+1<2”

由前面的介绍我们知道,原子核是由中子和质子组成的,那么原子核的质量似乎应该等于组成它的质子和中子的质量之和。但是,实验中发现,实际情况并非如此,原子核的质量总是小于组成它的核子的质量之和。

以最简单的氘核为例:氘(^{2}H)是氢的同位素,它仅比氢多一个中子,即由一个质子和一个中子组成,在海水中存在着大量的氘原子,约每一百万个氢原子中就有 150 个氘原子。

我们知道,中子质量 $m_n=1.008\,665$ u,质子质量 $m_p=1.007\,276$ u,两者质量之和为

$$m_n + m_p = 2.015\,941 \text{ u}$$

而氘的质量

$$m_d = 2.013\,553 \text{ u}$$

由此可见,$m_n+m_p\neq m_d$,其差值为

$$m_n + m_p - m_d = 0.002\,388 \text{ u} = 2.225 \text{ MeV}/c^2$$

由(2-1-14)式可得

$$\Delta E = \Delta mc^2 = 0.002\,388 \text{ u} \cdot c^2 = 2.225 \text{ MeV}$$

即中子和质子组成氘核时,其质量将会减少,同时释放出 2.225 MeV 的能量,这就是氘的结合能。反之,其逆过程也成立,即当用能量为 2.225 MeV 的光子照射氘核时,氘核将分解为

质子和中子。同样，我们还可以计算出氦(^4He)核的结合能为 28.3 MeV，核燃料^{235}U核的结合能为 1 783.8 MeV。

在 2.1.1.3 中我们简单介绍了核力，结合能的产生就是由于核子间强大的核力作用，迫使核子间排列得非常紧密，从而发生了质量减少，放出能量的现象。为方便讨论，核科学里引入“质量亏损”的概念，即质量亏损是组成原子核的各个核子的质量和与该原子核质量之差。实验中发现，所有原子核的质量亏损均为正值，由此导致：“1+1<2”。

2.1.4.3 结合能和比结合能

一体系的质量比其组分的个别质量之和小，这是普遍存在的现象。如，分子的质量并不等于组成该分子的原子质量之和，原子的质量也不简单等于原子核的质量与电子的质量之和。任何两个物体结合在一起，都会释放出一部分能量，只不过在原子的层面，释放的这种能量微乎其微，不加以考虑罢了。但是，在原子核物理中，结合能的意义非常重要，举以下例子加以比较说明。

两个氢原子组成氢分子时，放出 4 eV 的能量，而一个氢原子的静止质量相应的静止能量约为质子的静止能量与电子的静止质量之和，即 938.3 MeV+0.511 MeV≈1 000 MeV，二者的比值约为

$$\frac{4\ \text{eV}}{1\ 000\ \text{MeV}} = 4 \times 10^{-9}$$

显然，相比于原子的静止质量，由原子组成分子时放出的能量是微不足道的。

当一个质子与电子组成氢原子时，放出 13.6 eV 的能量，它与电子的静止能量之比为

$$\frac{13.6\ \text{eV}}{0.511\ \text{MeV}} \approx 3 \times 10^{-5}$$

其比值也是非常小的。

但在原子核的层面上，这个比值将会产生很大的影响，不容忽视。如前面所讲的，一个质子和一个中子组成氘核时，其结合能为 2.225 MeV，质子的静止能量约为 938 MeV，二者比值将达到

$$\frac{2.225\ \text{MeV}}{938\ \text{MeV}} \approx 0.2\%$$

这时，因结合能而产生的能量就相当可观。

人们通常把由多个核子结合成原子核时所放出的能量叫作核的总结合能。它是随原子核中的核子数不同而不同，核子数越多，则总结合能越大。若一原子核的质量为 m_A(质量数为 A)，那么该原子核的结合能 E_B 就由下式决定

$$m_A = Zm_p + Nm_n - E_B/c^2$$

即

$$\frac{E_B}{c^2} = Zm_p + Nm_n - m_A \tag{2-1-15}$$

由于一般数据表中给出的都是原子的质量 M_A，而不是原子核的质量 m_A，我们将(2-1-15)式改写成

$$\frac{E_B}{c^2} = ZM_H + Nm_n - M_A \tag{2-1-16}$$

其中 M_H 是氢原子质量。这就是原子核结合能的一般表达式，这里我们忽略了电子的结

合能。

为了便于对各种原子核的结合能进行比较，除总结合能外，往往采用每个核子的平均结合能更为有利，也称为比结合能，其数值可用总结合能除以核的核子数 A 得到，用 ε 表示，即

$$\varepsilon = E_B/A \tag{2-1-17}$$

它表示了若将原子核拆成一个个的自由核子，平均对每个核子所要做的功，是表示原子核结合松紧程度的物理量。比结合能 ε 越大的原子核结合得越紧，反之亦然。

质量的测量是物理学中最精确的测量之一。对各种原子的质量精确测定后，便可以由(2-1-16)式和(2-1-17)式方便地计算出各种核素的结合能和比结合能，表 2-1-1 中给出了一些核素的结合能和比结合能。如果把核素的质量数 A 作为横坐标，核素的比结合能作为纵坐标，就可以得到如图 2-1-1 所示的比结合能曲线。

表 2-1-1 一些核素的结合能和比结合能

核素	结合能 E_B/MeV	比结合能 ε/(MeV/核子数)	核素	结合能 E_B/MeV	比结合能 ε/(MeV/核子数)	核素	结合能 E_B/MeV	比结合能 ε/(MeV/核子数)
^{2}H	2.224	1.112	^{15}O	119.95	7.46	^{107}Ag	915.2	8.55
^{4}He	28.30	7.07	^{16}O	127.61	7.98	^{129}Xe	1 087.6	8.43
^{6}Li	31.99	5.33	^{17}O	131.76	7.75	^{131}Xe	1 103.5	8.42
^{7}Li	39.24	5.61	^{17}F	128.22	7.54	^{132}Xe	1 112.4	8.43
^{12}C	92.16	7.68	^{19}F	147.80	7.78	^{208}Pb	1 636.4	7.87
^{14}N	104.66	7.48	^{40}Ca	342.05	8.55	^{235}U	1 783.8	7.59
^{15}N	115.49	7.70	^{56}Fe	492.3	8.79	^{238}U	1 801.6	7.57

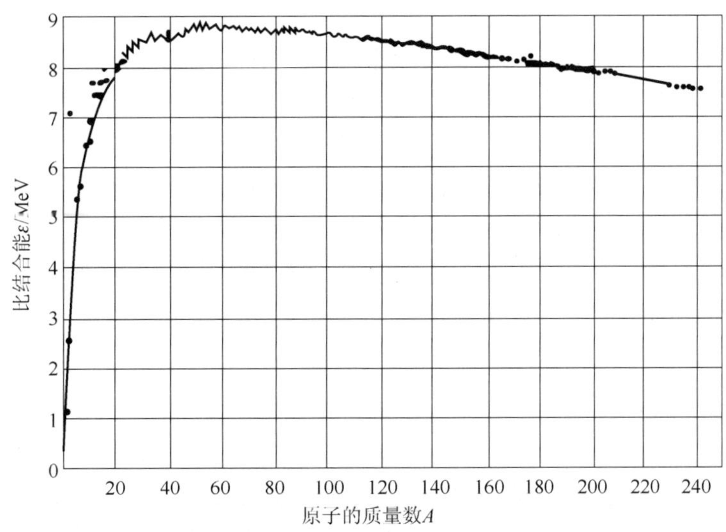

图 2-1-1 比结合能随原子质量数的变化

从图 2-1-1 可见,比结合能曲线中间高且较平坦,两端低。这说明不同质量的核素,其每个核子的比结合能大小是不同的;且中等质量的核素(50<A<150)的比结合能大,核内核子结合得较紧,而轻核和重核(A>200)的比结合能较小,核内核子结合得较松。当结合能小的核变成结合能大的核,即当结合得比较松的核变到结合得紧的核时,就会释放出能量。由此可知,有两种途径可以获得核能。一种是重核裂变,即把比结合能较小的重核,设法分裂成两个或多个比结合能大的中等质量的原子核,即可释放出能量。例如,^{235}U 吸收中子发生核裂变反应,ε 由 7.6 MeV 增大到 8.5 MeV,两者相差 0.9 MeV,而^{235}U 有 235 个核子,则一次裂变总的能量差值就约为 200 MeV,即有约 200 MeV 的核能释放出来。这正是原子弹和核电厂反应堆释放出巨大能量的原理所在。另一种是轻核聚变,即两个轻原子核结合成一个较重的原子核。由于轻原子核中核子的平均结合能比中等质量数原子核核子的平均结合能要小,轻核聚合成较重的原子核时将会放出能量。这种核反应过程称为"聚变反应"。如氘核和氚核在特定条件下发生聚变反应生成氦核,该过程中有 20 MeV 以上的核能释放出来。这就是氢弹和热核反应释放能量的基本原理。

2.2 中子与物质的相互作用

在前面的介绍中我们知道,中子的质量与质子的质量大约相等,并且中子不带电,因此,中子与原子核或电子之间没有静电作用。当中子与物质相互作用时,主要是和原子核内的核力相互作用,与原子核外的电子不会发生作用。反应堆中,中子与物质的相互作用是中子在宏观物质中与原子核之间发生的各种核反应,以及它们之间的能量交换过程。

2.2.1 中子与原子核相互作用的机理

中子与原子核相互作用的过程与中子的能量密切相关。总的来说,中子与原子核相互作用有势散射、直接相互作用和形成复合核三种机理。

2.2.1.1 势散射

势散射是最简单的核反应,它是中子与核表面势相互作用的结果,中子并未进入原子核,中子本身和原子核结构都没有发生变化,即中子还是原来的中子,原子核还是原来的原子核,只是入射中子将其部分(或全部)动能传给了原子核,而后中子也改变了能量和运动方向。就好比打台球,在台球手瞄准静止的黑球以某一速度打出白球后,两球相撞,白球将部分或全部动能传给了黑球,推动黑球运动,同时白球运动的速率和方向发生改变或者完全静止,但白球和黑球本身结构并没有发生改变。任何能量的中子都可能引起势散射反应。这种相互作用的特点是:散射前后原子核的内能没有变化。势散射前后中子与原子核系统的动能和动量均守恒,它是一种弹性散射。

2.2.1.2 直接相互作用

入射中子直接与原子核内某个核子碰撞,使其与原子核分离并发射出来,而中子却留在了原子核内,变成新原子核的一部分,这种核反应就是直接相互作用。好似一颗子弹射入一块木板中,溅出了一些木屑,但子弹却嵌入了木板。如果从原子核里射出来的核子是质子,就是中子与原子核直接相互作用的(n,p)反应;如果射出来的核子是中子,原子核从激发态回到基态，而有 γ 射线放出来，这就是非弹性散射过程。入射中子需要具有较高的能量，才能与原子核发生直接相互作用。

2.2.1.3　复合核的形成

复合核的形成是入射中子被原子核吸收形成一个处在激发态的新核——复合核。复合核在激发态上停留短暂时间后放出一个核子或一组核子而衰变，同时留下一个余核（或称反冲核）。复合核的形成是反应堆中中子与原子核相互作用的最重要方式。

复合核的衰变有多种方式：如果复合核衰变放出一个质子，就称为(n,p)反应；若放出 α 粒子，则称为(n,α)反应；若放出一个中子，而余核又重新直接回到基态，则称这个过程为共振弹性散射，即(n,n)反应；若放出中子后，余核仍处于激发态，通过发射 γ 射线重回基态，则称此过程为共振非弹性散射，即(n,n′)反应；若复合核仅通过发射 γ 射线而衰变，称为辐射俘获，即(n,γ)反应；若复合核通过分裂成两个（或多个）较轻的核的方式衰变，这个过程就称为核裂变，即(n,f)反应。

通过实验我们发现，当入射中子处于某些特定能量时，中子被原子核吸收而形成复合核的概率明显增加，这种现象叫做共振现象。此时，入射中子的能量叫做共振能。根据中子与原子核作用方式的不同，共振又可分为共振吸收和共振散射两种。其中，共振吸收对反应堆的物理过程影响很大。

2.2.2　中子与原子核相互作用的形式

从上一节的介绍我们知道，根据相互作用结果的不同，可将中子与原子核相互作用分为两大类，即中子散射和中子吸收。

2.2.2.1　中子散射

中子散射时入射粒子是中子，与原子核作用后放出来的核子仍然是中子。中子散射是中子慢化（减速）过程的主要核反应（中子慢化将在第四章详细阐述）。它有弹性散射和非弹性散射两种。

（1）弹性散射

弹性散射(n,n)在中子的所有能量范围内都可能发生，它又可分为共振弹性散射和势散射两种。共振弹性散射经过复合核的形成过程，其反应表示为：

$$^{A}_{Z}X+n\longrightarrow(^{A+1}_{Z}X)^{*}\longrightarrow{}^{A}_{Z}X+n \tag{2-2-1}$$

势散射不经过复合核的形成过程，其反应表示为：

$$^{A}_{Z}X+n\longrightarrow{}^{A}_{Z}X+n \tag{2-2-2}$$

在前面我们已经介绍，共振现象只对特定能量范围的入射中子才会发生，所以只有特定能量范围的入射中子才有可能引起共振弹性散射。

弹性散射过程中，由于反应前后原子核的内能没有发生变化，它仍然处于基态，反应前后中子与原子核系统的动能和动量均守恒，因而也可以把这一过程看作是黑白台球式的碰撞。热中子反应堆里，裂变快中子慢化成热中子的主要过程是弹性散射。

（2）非弹性散射

非弹性散射(n,n′)反应表示为：

$$^{A}_{Z}X+n\longrightarrow(^{A+1}_{Z}X)^{*}\longrightarrow(^{A}_{Z}X)^{*}+n \tag{2-2-3}$$

而

$$({}^{A}_{Z}X)^{*} \longrightarrow {}^{A}_{Z}X+\gamma \tag{2-2-4}$$

即发生非弹性散射时，首先入射中子留在原子核内形成复合核，在这个过程中，入射中子将它的部分动能转变为原子核的内能，造成核内无规则的碰撞，能量经过多次交换，使得复合核处于激发态，然后复合核通过放出中子和 γ 射线又重新返回基态。

因为在发生非弹性散射时中子的能量损失比较大，只有当中子的动能高于原子核第一激发态的能量时才能使复合核激发，也就是说，只有当入射中子能量高于某一数值时，才能发生非弹性散射，亦即非弹性散射具有阈能的特点。

在热中子反应堆内，裂变快中子的平均能量高达 2 MeV，使得堆内会发生非弹性散射现象。但由于非弹性散射能使中子能量很快降至阈能以下，且热中子反应堆内具有高能的中子数量较少，致使非弹性散射在热中子反应堆内并不重要，但对快中子反应堆，非弹性散射过程却是非常重要的核反应。

2.2.2.2 中子吸收

中子吸收的结果是中子消失，因而它对反应堆内的中子平衡起着非常重要的作用，第六章要谈到的反应性控制就与此密切相关。

中子吸收包括(n,γ)、(n,α)、(n,p)以及核裂变(n,f)等反应。

(1) (n,γ)反应

(n,γ)反应，也叫辐射俘获反应，是最常见的吸收反应，其核反应表示为

$${}^{A}_{Z}X+n \longrightarrow ({}^{A+1}_{Z}X)^{*} \longrightarrow {}^{A+1}_{Z}X+\gamma \tag{2-2-5}$$

其中，同位素${}^{A+1}_{Z}X$往往具有放射性。辐射俘获反应可以在所有的中子能区内发生，但在热中子反应堆内热中子与中等质量核、重核作用时容易发生这种反应。典型的例子是^{238}U经辐射俘获生成^{239}Pu的铀—钚循环：

$${}^{238}_{92}U+{}^{1}_{0}n \longrightarrow {}^{239}_{92}U+\gamma \tag{2-2-6}$$

$${}^{239}_{92}U \xrightarrow{T_{1/2}=23\ \text{min}} {}^{239}_{93}Np+\beta \tag{2-2-7}$$

$${}^{239}_{93}Np \xrightarrow{T_{1/2}=2.3\ \text{d}} {}^{239}_{94}Pu+\beta \tag{2-2-8}$$

以上核反应的过程对核燃料的转换、增殖和提高核燃料的利用率有非常重要的意义。

同时应该指出，原本稳定的原子核通过(n,γ)反应，往往转变成放射性的原子核，并发出 γ 射线，这给反应堆三废处理、人员防护和设备维护等都会带来一定的困难。

(2) (n,α)反应

(n,α)反应的一般反应式为

$${}^{A}_{Z}X+{}^{1}_{0}n \longrightarrow ({}^{A+1}_{Z}X)^{*} \longrightarrow {}^{A-3}_{Z-2}Y+\alpha({}^{4}_{2}He) \tag{2-2-9}$$

例如，对热中子与${}^{10}_{5}B$发生的(n ,α)反应，

$${}^{10}_{5}B+{}^{1}_{0}n \longrightarrow {}^{7}_{3}Li+{}^{4}_{2}He \tag{2-2-10}$$

${}^{10}_{5}B$的热中子微观吸收截面很大，约为 3.8×10^{3} b($1\ \text{b}=1\times10^{-24}\ \text{cm}^{2}$)，所以${}^{10}_{5}B$是热中子反应堆的一种良好的控制材料。

(3) (n,p)反应

(n,p)反应的一般核反应式为

$${}^{A}_{Z}X+{}^{1}_{0}n \longrightarrow {}^{A}_{Z-1}Y+p({}^{1}_{1}H) \tag{2-2-11}$$

例如，在压水堆运行过程中，堆内的冷却剂和慢化剂经高能中子照射后，将发生以下反应：

$$^{16}_{8}O + ^{1}_{0}n \longrightarrow ^{16}_{7}N + ^{1}_{1}H \tag{2-2-12}$$

式中，^{16}N 的半衰期 $T_{1/2} = 7.3$ s，它放出 β 射线和 γ 射线，这一反应是核电厂功率运行期间一回路冷却水中放射性的主要来源。

(4) (n,f)反应

核裂变(n,f)反应是反应堆内最重要的核反应，它的一般反应式为：

$$^{A}_{Z}X + ^{1}_{0}n \longrightarrow (^{A+1}_{Z}X)^{*} \longrightarrow ^{A_1}_{Z_1}Y_1 + ^{A_2}_{Z_2}Y_2 + \nu n \tag{2-2-13}$$

其中，$^{A_1}_{Z_1}Y_1$、$^{A_2}_{Z_2}Y_2$ 为中等质量数的原子核，称作裂变碎片；ν 为每次裂变平均放出的中子数。

目前，热中子反应堆最常用的核燃料是 ^{235}U，它的裂变反应一般反应式是：

$$^{235}_{92}U + ^{1}_{0}n \longrightarrow (^{236}_{92}U)^{*} \longrightarrow ^{A_1}_{Z_1}Y_1 + ^{A_2}_{Z_2}Y_2 + \nu ^{1}_{0}n \tag{2-2-14}$$

每次 ^{235}U 热裂变中 ν 约为 2.43，并放出大约 200 MeV 的能量。

2.3　中子核反应截面与核反应率

在反应堆物理的理论计算中，为了定量地计算中子和原子核的相互作用情况，必须引入一些特定的物理量。本节将引入中子核反应截面、核反应率和中子通量密度等重要概念。

2.3.1　中子核反应截面

中子核反应截面是中子作为入射粒子，与物质的原子核产生各种核反应的概率的一种度量，它是原子核物理中为了便于理论计算和实验测量而引入的一个概念，是用以描述中子核反应概率大小的物理量。

2.3.1.1　微观截面

微观截面 σ 是平均一个入射中子与一个靶原子核发生相互作用的概率大小的一种度量。它的量纲是面积，工程上常用单位是靶恩(b)。假如有一单向均匀平行中子束，其强度为 I(即单位时间内通过垂直于中子飞行方向平面的单位面积上有 I 个中子)，垂直入射在单位面积的薄靶上，薄靶厚度为 Δx，靶片内单位体积中的原子核数是 N，由于某种核反应使出射中子数强度减弱了 ΔI，如图 2-3-1 所示。

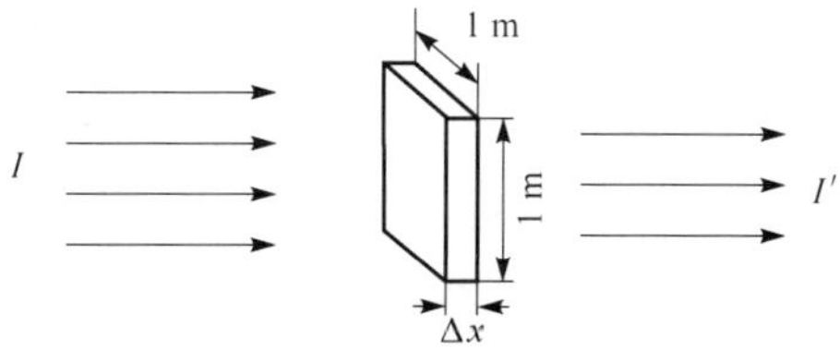

图 2-3-1　平行中子束垂直穿过薄靶后的衰减

则微观截面

$$\sigma = \frac{-\Delta I/I}{N\Delta x} \tag{2-3-1}$$

式中，$-\Delta I/I$ 为平行中子束中与靶核发生作用的中子所占的份额，$N\Delta x$ 为单位面积上靶核数。不同的核反应有不同的微观截面，为了区分各种不同的核反应，要给微观截面 σ 带上不同的下标，通常用下标 s、e、in、f、c、a、t 分别表示中子与原子核相互作用的散射、弹性散射、非弹性散射、裂变反应、辐射俘获、中子吸收和总的反应截面。其中微观总截面 σ_t 为各种微观截面之和，即

$$\sigma_s = \sigma_e + \sigma_{in} \tag{2-3-2}$$

$$\sigma_a = \sigma_\gamma + \sigma_f + \sigma_{n,\alpha} + \cdots \tag{2-3-3}$$

$$\sigma_t = \sigma_s + \sigma_a \tag{2-3-4}$$

2.3.1.2 宏观截面

宏观截面 Σ 是一个中子与单位体积内所有原子核发生核反应的平均概率的度量，也是微观截面与单位体积靶核数的乘积，通常可表示成

$$\Sigma = N\sigma \tag{2-3-5}$$

将(2-3-1)式带入(2-3-5)式，得

$$\Sigma = -\frac{\Delta I/I}{\Delta x} \tag{2-3-6}$$

因此，宏观截面也是一个中子穿行单位距离与核发生相互作用的概率的度量。其量纲是长度的倒数，工程上常用的单位是 cm^{-1}。对于不同的微观截面，有着相应的宏观截面，例如，$\Sigma_a = N\sigma_a$ 表示宏观吸收截面；$\Sigma_s = N\sigma_s$ 表示宏观散射截面；$\Sigma_f = N\sigma_f$ 为宏观裂变截面，表示一个中子穿行单位距离与原子核发生裂变反应的概率。同样的，宏观总截面 Σ_t 为各种宏观截面之和，即

$$\Sigma_t = \Sigma_a + \Sigma_s + \cdots \tag{2-3-7}$$

2.3.1.3 平均自由程

平均自由程 λ 是中子在介质内与原子核连续两次相互作用之间穿行的平均距离。它与宏观截面有简单的关系，

$$\lambda = 1/\Sigma \tag{2-3-8}$$

即平均自由程是宏观截面的倒数，单位为 cm。不同核反应有着不同的平均自由程，如 $\lambda_a = 1/\Sigma_a$ 表示吸收平均自由程；$\lambda_s = 1/\Sigma_s$ 表示散射平均自由程等。

2.3.2 核反应率

中子核反应率(严格讲应为核反应率密度)R 表示单位时间、单位体积内中子与介质原子核发生核反应的次数。假设一个中子以速度 v(cm/s)运动，对某一核反应的平均自由程 λ(cm)，那么 v/λ 表示每秒内一个中子发生该核反应的平均概率。假如中子密度为 n(cm^{-3})，单位时间、单位体积内产生的核反应次数应为 nv/λ。因为 λ 与宏观截面互为倒数，所以核反应率

$$R = nv\Sigma \tag{2-3-9}$$

核反应率是反应堆物理分析中一个重要的物理量，不同的核反应过程对应不同的核反应率。例如，裂变核反应率 $R_f = nv\Sigma_f$(Σ_f 为宏观裂变截面)，吸收核反应率 $R_a = nv\Sigma_a$(Σ_a 为宏观吸收截面)，散射核反应率 $R_s = nv\Sigma_s$(Σ_s 为宏观散射截面)。

2.3.3 中子通量密度

在反应堆物理中讨论核反应率时，我们引入了中子通量密度这一重要概念。如果中子密度为 n(cm^{-3})，中子都以速度 v(cm/s)运动着，则称 nv 为中子通量密度(过去称中子通量)，通常用 ϕ 表示，即

$$\phi = nv \tag{2-3-10}$$

其单位为 $cm^{-2} \cdot s^{-1}$。它是表示核反应堆内状态的一个重要物理参数，它表示了单位体积

内所有的自由中子在单位时间内飞行的总距离。中子通量密度的大小反映堆芯内核反应率的大小，也反映出反应堆的功率水平，在稳定功率运行的热中子反应堆内，高中子通量密度一般约为 $10^{13}\sim10^{15}\ cm^{-2}\cdot s^{-1}$。

将(2-3-10)式带入(2-3-9)式，则得核反应率

$$R = \Sigma\phi \tag{2-3-11}$$

如果讨论的是裂变核反应率 R_f，则有

$$R_f = \Sigma_f\phi \tag{2-3-12}$$

即单位时间、单位体积内产生核裂变反应的次数。

同样，吸收核反应率可表示为 $R_a=\Sigma_a\phi$，散射核反应率可表示为 $R_s=\Sigma_s\phi$。

需要说明，在研究辐射等有关问题时，相应通量密度的总照射量常用注量来度量。在空间某点处，单位时间内进入以该点为中心的单位横截面的小球体内的中子数称为该点的中子注量率。中子注量率也就等于中子通量密度。在我国国家标准中，这两个名词同时允许使用，但鉴于在反应堆物理领域中，大量文献资料都广泛使用中子通量密度一术语，因此本书也使用这个习惯称法。

复习思考题

1. 中子按能量划分为哪几种？其各自的能量范围是多少？
2. 原子核衰变有哪几种形式？
3. 什么是半衰期？写出其表达式。
4. 什么是平均寿命？
5. 什么是原子核的结合能、比结合能？分别写出其表达式。
6. 中子与原子核相互作用有哪几种机理？
7. 什么是共振现象？
8. 中子吸收包括几种核反应？试各举一例，并写出其核反应式。
9. 每次 ^{235}U 热裂变放出的中子平均数 ν 是多少？放出的能量约为多少？
10. 什么是微观截面？什么是宏观截面？
11. 什么是平均自由程？
12. 什么是中子通量密度？在热中子反应堆中，高中子通量密度的大小可达多少？

第三章　裂变反应

前面已经介绍过，裂变反应是反应堆内最重要的中子与原子核相互作用，也是反应堆的工作基础。裂变反应过程中能释放出大量的能量，同时还放出中子，使得反应堆有可能将核反应持续下去，人们就能不断利用核反应过程中释放的能量和中子。

裂变反应是可裂变重核裂变成两个（少数情况下，也可能分裂成三个或多个）质量为同一量级的核并放出能量的核反应。裂变反应包括用中子轰击引起裂变和自发裂变。后者除如^{252}Cf现在多用作中子源外，其他如^{240}Pu等一般不予考虑。所以，有意义的是指用中子轰击某些可裂变原子核时，引起重核发生裂变的一种核反应。这也是目前核能利用最重要的一种核反应。

核裂变反应一般反应式为

$$\mathrm{U} + \mathrm{n} \longrightarrow \mathrm{X}_1 + \mathrm{X}_2 + \nu\mathrm{n} + E \tag{3-0}$$

其中U表示可裂变核，n表示入射中子，X_1和X_2分别表示两个中等质量的裂变碎片核，ν是每次裂变平均放出的次级中子数，E表示每次裂变过程中所释放出的能量。

3.1　可裂变核素

可裂变核素是能进行裂变（无论由何种过程引起）的核素，其原子核一般都是质量数大的重核。目前最重要的可裂变核素有^{233}U、^{235}U、^{239}Pu和^{232}Th、^{238}U等。按它们的原子核是否易于裂变而分成两类：一类是当用任意能量的中子轰击时，均能引起其原子核裂变的可裂变核素，又称为易裂变核素，上述前三种核素都属于这一类；另一类是只有用能量大于某一阈值的中子去轰击其原子核时，才会引起裂变反应的核素。例如，对^{238}U，其裂变阈能为1.1 MeV，即只有用能量大于1.1 MeV的中子去轰击^{238}U原子核时，才会有裂变反应发生。

在自然界中，天然存在的易裂变核素只有^{235}U。但某些基本核素在俘获中子后，经过放射性衰变会生成一种新的人工易裂变核素。例如，^{238}U俘获一个中子后，经过两次β衰变，最终能生成新的人工易裂变核素^{239}Pu。具体核反应过程为

$$^{238}\mathrm{U}(\mathrm{n},\gamma)^{239}\mathrm{U} \xrightarrow[23\ \mathrm{min}]{\beta^-} {}^{239}\mathrm{Np} \xrightarrow[2.3\ \mathrm{d}]{\beta^-} {}^{239}\mathrm{Pu} \tag{3-1-1}$$

同样，^{232}Th核俘获一个中子后最终生成新的人工易裂变核素^{233}U。核反应式为

$$^{232}\mathrm{Th}(\mathrm{n},\gamma)^{233}\mathrm{Th} \xrightarrow[22\ \mathrm{min}]{\beta^-} {}^{233}\mathrm{Pa} \xrightarrow[27\ \mathrm{d}]{\beta^-} {}^{233}\mathrm{U} \tag{3-1-2}$$

用来轰击可裂变核素原子核可以引起裂变反应的中子的能量是有所不同的；而对易裂变核素原子核，可用任意能量的中子来轰击并引起其裂变。目前，压水堆核电厂的反应堆都是利用热中子引起^{235}U的裂变而放出能量来的。

3.2　裂 变 能

根据裂变反应前后核间的质量亏损，可以算出，也经实验证实，每一次裂变释放出的能

量大约为 200 MeV，其中的 80％是以裂变碎片的动能形式放出的。裂变能量的分配方式如表 3-2-1 所示。

表 3-2-1　裂变释放能的形式

能量形式	能量/MeV	发射时间
裂变碎片动能	168	瞬发
裂变中子动能	5	瞬发
瞬发 γ 能量	7	瞬发
裂变产物 γ 衰变能量	7	缓发
裂变产物 β 衰变能量	8	缓发
中微子能量	12	缓发
总计	207	

在反应堆内，裂变碎片的射程非常短，在燃料芯块内大约为 0.012 7 mm，所以可以认为裂变碎片的动能绝大部分都在核燃料内转换成热能。裂变中子的大部分动能都在反应堆内被各种材料吸收转换成热能。裂变放出次级中子本身有一部分也将被反应堆内各种材料吸收，发生(n，γ)反应，而释放出 3～12 MeV 能量。虽然这部分能量不是核裂变直接放出来的，但它也是核裂变带来的后果。并且有相当一部分这种 γ 射线将在反应堆内被吸收并转换成热能，故而通常在反应堆计算中把它们也归入到裂变反应所释放的可利用能量内。由于裂变产生的中微子不带电，其质量又非常小(几乎为零)，几乎不与反应堆内任何物质作用。因而中微子所带有 12 MeV 的能量在反应堆内是无法利用的。确切地讲，每次裂变反应后所放出的可利用能量会随着堆型稍有差别。对 ^{235}U 原子核而言，每次核裂变后在反应堆中产生的可利用的能量约为 200 MeV，其他可裂变核素原子核每次裂变放出的可利用能量值与此相当。可利用的裂变能量中，大约 97％是分配在燃料内，不到 1％(为 γ 射线形成)的能量在反应堆的屏蔽层里，其余能量分配在冷却剂和结构材料内。

应该指出，可利用的能量还包括了裂变产物衰变过程中放出的 γ 射线及 β 射线，但这部分能量的释放是有一段时间延迟的，它们占了总可利用能量中的 4％～5％。当反应堆一旦停止运行后，裂变能量中的大部分由于裂变反应的终止而不再放出，但停堆前所产生的裂变产物此时依然存在，且处于衰变过程中。所以，裂变产物衰变时，放出的 γ 射线及 β 射线及其能量，依然在停堆后相当一段时间内要释放出来。因此，在停堆后一定要继续对堆芯进行冷却，将这些衰变热导出，确保反应堆的安全。这种停堆后衰变热的导出是反应堆安全的重要问题之一。

3.3　裂变产物

核裂变反应的一个重要结果是生成裂变碎片和放出中子。裂变产物就是指在核裂变反应所生成的中等质量数的裂变碎片及其衰变产物(前面我们有过介绍，绝大多数情况下，一个可裂变核分裂成两个裂变碎片核)。对于热中子引起的 ^{235}U 的核裂变来说，已经发现了 30 多种不同裂变方式，有约 80 种以上的裂变碎片。裂变碎片核的质量数大都分布在 72～158 之间。几乎所有的裂变碎片核都是不稳定的，它们要经过一系列 β 衰变及 γ 衰变。这样，在最终裂变产物中可能包括了 300 多种不同核素的各种放射性及稳定核同位素。

裂变产物中有些核素有较长的半衰期或较强的放射性，如锕系元素 ^{237}Np(镎)、^{241}Am(镅)、^{243}Am(统称为次锕系核素)以及 ^{129}I(碘)、^{99}Tc(锝)等，这些核素的半衰期都很长(^{237}Np 的半衰期为 2×10^{6} a，^{129}I 的半衰期为 1.6×10^{7} a)，这将给它们的运输及最终安全储存都带来一系列的特殊问题。一座电功率为 1 000 MW 的核电厂年产次锕系核素约为 35 kg，随着核能的发展和这些裂变产物的积累，如何安全处置这些长寿命、高放射性废物的问题越来越严峻。这也是在利用裂变能量时必须考虑的重要问题之一。

而另有一些具有一定裂变份额的裂变产物，如^{135}Xe(氙)和^{149}Sm(钐)都具有相当大的热中子吸收截面，它们将会吸收反应堆内的热中子，从而影响到反应堆的运行。在反应堆核电厂运行中它们被称为“毒物”。因此，也要认真讨论这些裂变产物的产生、衰变及消失的规律，在第七章中我们将详细探讨这部分知识。

3.4 裂变中子

裂变中子是指在裂变反应过程中放出的新的次级中子。从(3-0)式中我们看到，每次裂变反应放出的次级中子平均数用 ν 表示。ν 值的大小和可裂变核的种类及引起核裂变的中子能量有关。中子能量越大，ν 值也越大。例如，热中子轰击^{235}U，ν 值为 2.43(即每次裂变平均放出 2.43 个次级中子)；若用热中子轰击^{239}Pu，ν 值为 2.84；若用快中子(能量大于 1 MeV)去轰击^{239}Pu，那么 ν 值为 2.98。正因为在裂变反应的同时，有次级中子放出，且其 ν 值大于 1，这样才有可能使链式反应持续下去。

在反应堆中，ν 值的大小也是一个极其关键的数值。次级中子在反应堆内会有以下几种“归宿”：

(1) 至少要有一个次级中子再去轰击可裂变核素的原子核并引发裂变反应，以维持链式反应的持续进行；

(2) 因反应堆本身大小有限，必然会有一部分次级中子由于运动而泄漏出反应堆；

(3) 另有部分次级中子会被慢化剂、结构材料等堆内其他材料所吸收；

(4) 最后，有一部分次级中子被反应堆内可转换核素(如^{238}U)吸收，产生新的易裂变核素。

由此可见，设法提高 ν 值，并设法减少泄漏及其他材料吸收(即无用吸收)，就可能使在反应堆内消耗易裂变核素的同时，生成新的易裂变核素，从而实现易裂变核素的转换，甚至可能产生易裂变核素的增殖。这就是快中子增殖堆的基本思想。

裂变时放出的次级中子是快中子，其能量在 0.1～10 MeV 之间，平均能量约为 2 MeV。所以，若是在用热中子轰击^{235}U 引起裂变反应的热中子反应堆中，为了链式反应的持续进行，必须把裂变放出的次级中子的能量降低到热中子能量水平(能量<1 eV)。这要求在热中子反应堆堆芯内高能的次级中子与慢化剂原子核发生碰撞后，降低中子的能量，从而变成热中子。

裂变反应放出的次级中子中的绝大部分(>99%)是在裂变的瞬间(约 10^{-14} s)放出来的。通常将这部分中子称为瞬发中子。另外还有小的一部分(<1%)是由裂变碎片核在衰变过程中放出来的，由于衰变过程本身有一定时间延迟，所以将这部分中子称为缓发中子。对^{235}U 核裂变，平均缓发中子总数约占整个裂变次级中子总数的 0.65%。它实际上是由 6 组不同裂变碎片核的衰变所放出的。例如，裂变碎片核^{87}Br(溴)是不稳定的，它经由 β 衰变生成处于激发态的^{87}Kr(氪)，即^{87}Kr*，它放出一个中子而变成稳定的^{86}Kr，见图 3-4-1。

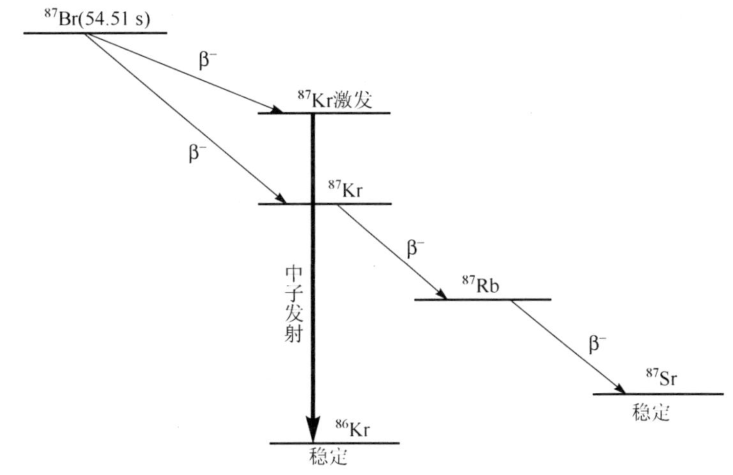

图 3-4-1 缓发中子的发射

通常将^{87}Br称为缓发中子的先驱核，其β衰变的半衰期 $T_{1/2}=54.51$ s，这就是此缓发中子的半衰期。表 3-4-1 给出了^{235}U 热中子裂变时缓发中子的 6 组数据。

表 3-4-1 ^{235}U 热裂变时缓发中子数据表

组	半衰期 $T_{1/2i}$/s	能量/keV	产额 β_i	平均寿期 l_i/s
1	54.51	250	0.000 247	78.64
2	21.84	560	0.001 385	31.51
3	6.00	430	0.001 222	8.66
4	2.23	620	0.002 645	3.22
5	0.496	420	0.000 832	0.716
6	0.179	430	0.000 169	0.258

缓发中子在全部裂变中子中所占的份额用 β 表示，称之为缓发中子份额。对^{235}U 的热裂变，

$$\beta=\sum_{i=1}^{6}\beta_i=0.006\,5 \tag{3-4-1}$$

缓发中子的平均能量要比瞬发中子的低。虽然缓发中子在裂变产生的次级中子总数中所占比例很小，但它对反应堆动态过程却有着极其重要的影响。也正是由于有缓发中子的存在，才使链式裂变反应成为可控的(在第六章里将详细讨论)。

复习思考题

1. 什么是核裂变反应？
2. 什么是可裂变核？什么是易裂变核？

3. ^{238}U 为可裂变核，但为什么它不能做核燃料？
4. 重核每次裂变大约能释放出多少核能？
5. 什么是裂变产物？
6. ^{235}U 每次热裂变放出的次级中子平均数是多少？
7. 什么是瞬发中子？什么是缓发中子？什么是缓发中子的先驱核？

第四章 中子慢化与扩散

本章主要讨论裂变中子在堆内的两个物理过程:中子慢化与中子扩散。现在我们讨论的对象是热中子反应堆,堆内核燃料原子核主要由热中子引起核裂变,因此首先要研究堆内裂变快中子慢化到热中子的物理过程,进而再讨论堆内热中子如何在堆内进行扩散的物理过程。

4.1 中子慢化

中子慢化是由中子散射引起中子能量降低的过程。确切地讲,此处中子慢化应为核裂变反应产生的快中子的慢化。中子慢化也有人称为中子减速。在热中子反应堆中,因为引起核裂变主要是动能小于 1 eV 的热中子,而裂变产生的次级中子是快中子,其平均能量为 2 MeV。因此,将裂变中子动能降低的慢化过程就成为热中子反应堆内中子运动的基本过程之一。中子与原子核的散射反应可使中子慢化。散射反应包括非弹性散射和弹性散射。非弹性散射可使中子损失较多的动能,但非弹性散射只发生在中子动能为 MeV 数量级的高能区内,而弹性散射在任何能量区域内均可发生,因此,热中子反应堆内中子慢化主要依靠弹性散射。

这里让我们回忆起大学物理里力学的碰撞问题。联系到反应堆物理中的中子慢化,感兴趣的是弹性碰撞。这种碰撞可以把中子与散射核看作完全弹性小球,用普通力学的方法来处理。具体讲,应用动量守恒和能量守恒原理,推导出中子与散射核碰撞前后的能量和散射角之间的关系。

讨论这种碰撞时,首先采用两种方便的参考系,即实验室(L)系和质心(C)系。前者假定散射靶核是静止的,而后者是把中子——散射核靶系统的质量中心视为静止的。在 L 系里,基本上是用一个外界观察者的观点看来看问题,而在 C 系里,则用一个随中子和散射靶核组成系统的质量中心运动的观察者的观点来进行研究。对于理论上的处理,C 系比较简单,当然实测是在 L 系中进行的。

图 4-1-1 给出了中子在实验室(L)系和质心(C)系的散射。

假定在 L 系中:中子速度为 v_1;散射靶核质量数为 A,处于静止状态。因为中子质量数为 1,所以其动量也等于 v_1。由于靶核是静止的,所以 v_1 也表示 L 系的总动量。参加碰撞的总质量为 $A+1$,因此,在 L 系中质心的速度 v_m,即相对于静止核的速度为

$$v_m = \frac{v_1}{A+1} \tag{4-1-1}$$

假定在 C 系中:质心是静止的,中子碰前速度为 $v_1 - v_m$,而靶核碰前速度为 v_m。中子与靶核相向而行。

$$v_1 - v_m = \frac{Av_1}{A+1} \tag{4-1-2}$$

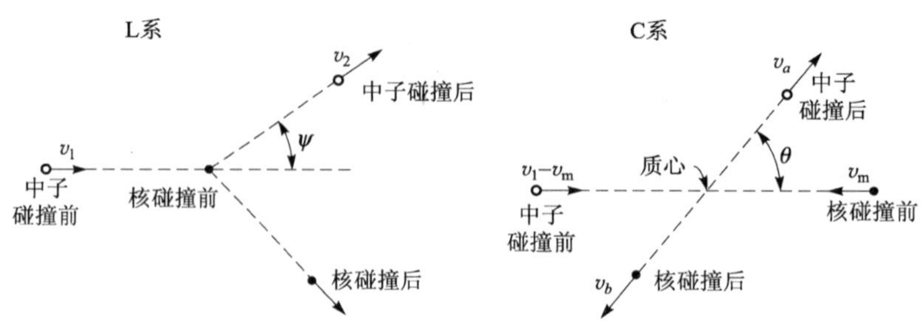

图 4-1-1 在实验室(L)系和质心(C)系里中子的散射

因此,中子沿运动方向的动量为$\dfrac{Av_1}{A+1}$,而靶核的动量也是$\dfrac{Av_1}{A+1}$,但运动方向相反。这样,碰前对质心的总动量为零,根据动量守恒,碰后总动量也为零。

碰后,在C系中,中子沿与原方向成θ角的方向离开质心,θ就是C系中的散射角。质心永远在两个粒子的连线上,散射后总动量为零的条件可表示为

$$v_a = Av_b \tag{4-1-3}$$

样,在C系里,中子和靶核碰撞前后,能量守恒条件为

$$\frac{1}{2}\left(\frac{Av_1}{A+1}\right)^2 + \frac{1}{2}A\left(\frac{v_1}{A+1}\right)^2 = \frac{1}{2}v_a^2 + \frac{1}{2}Av_b^2 \tag{4-1-4}$$

解(4-1-3)式和(4-1-4)式可得

$$\begin{cases} v_a = \dfrac{Av_1}{A+1} \\ v_b = \dfrac{v_1}{A+1} \end{cases} \tag{4-1-5}$$

这与$v_m=\dfrac{v_1}{A+1}$,$v_1-v_m=\dfrac{Av_1}{A+1}$比较,可见在C系里,中子与靶核碰撞前后速度大小相等。

为了确定中子在碰撞时的动能损失,我们必须把C系里结果转换到L系。从图4-1-1可得出图4-1-2。

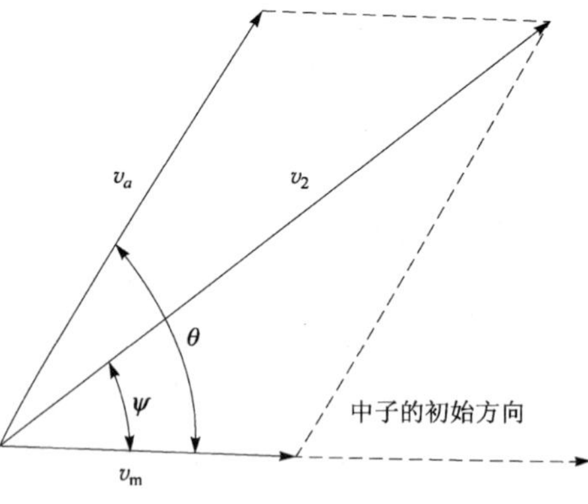

图 4-1-2 由C系到L系的变换

根据余弦定律,最终我们得到了v_1、v_2与散射角θ的关系式为

$$v_2^2 = v_1^2\,\frac{(A^2+2A\cos\theta+1)}{(A+1)^2} \tag{4-1-6}$$

散射前后中子动能分别为$E_1=\dfrac{1}{2}v_1^2$与$E_2=\dfrac{1}{2}v_2^2$,其比值应为

$$\frac{E_2}{E_1} = \frac{v_2^2}{v_1^2} = \frac{(A^2+2A\cos\theta+1)}{(A+1)^2} \tag{4-1-7}$$

现引入系数α,令

$$\alpha \equiv \left(\frac{A-1}{A+1}\right)^2 \tag{4-1-8}$$

则得

$$\frac{E_2}{E_1} = \frac{1}{2}[(1+\alpha)+(1-\alpha)\cos\theta] \tag{4-1-9}$$

式中，θ 为 C 系中的散射角；而 A 为原子核的质量数。当 $\theta=0$ 时，$E_2=E_1$，说明若散射后的中子不改变方向，中子也不损失动能。当 $\theta=\pi$ 时，$E_2=\alpha E_1$，说明散射后的方向与散射前相反，中子动能降到最低值。中子与原子核发生一次弹性散射只能损失有限的动能，所损失动能的大小与原子核的质量数有关。原子核的质量数越小，所损失的动能越大。例如，氢原子核 $A=1$，$\alpha=0$，说明中子与氢核碰撞一次时，有可能失去全部动能。如果碳原子核 $A=12$，则 $\alpha=0.716$，碰撞后中子能量 $E_2=0.716E_1$，这时碰撞一次可能最大损失的能量为 28.4%。因此，从散射观点讲，反应堆慢化剂应选原子核质量数小，宏观散射截面 Σ_s 较大的元素。

每次碰撞中子能量的自然对数减少的平均值称为平均对数能降，记作 ξ（ξ 值越大说明每次散射平均损失的中子动能越多），$\xi\Sigma_s$ 称为慢化能力。散射只是一个方面，作为慢化剂还必须要求该物质的宏观吸收截面 Σ_a 小，例如，众所周知硼(B)的慢化能力较强，但硼对热中子强烈吸收，Σ_a 很大，所以它不能作慢化剂。物理上，我们定义慢化能力与热中子宏观吸收截面 Σ_a 的比值为慢化比，它是慢化性能的综合指标。慢化比越大，慢化剂的综合性能越好。

水、重水、铍和石墨是最常见的热中子反应堆的慢化剂，其慢化性能见表 4-1-1。

表 4-1-1　几种慢化剂的吸收与慢化性能

慢化剂	吸收宏观截面 Σ_a/cm^{-1}	慢化能力 $\xi\Sigma_s/cm^{-1}$	慢化比 $\xi\Sigma_s/\Sigma_a$
水(H_2O)	1.97×10^{-2}	1.53	70
重水(D_2O)	2.9×10^{-5}	0.177	2 100
铍(Be)	0.104×10^{-2}	0.16	150
石墨(C)	2.4×10^{-4}	0.063	170

从表中可知水的慢化能力最大，因为 H_2O 对热中子吸收较其他几种材料强，所以慢化比较小。但从工程上考虑，H_2O 最经济易取、辐照稳定性较好，H_2O 做慢化剂的反应堆体积小、结构紧凑，目前无论军用核舰艇、民用压水堆核电厂，其反应堆的慢化剂都选用 H_2O。

在讨论中子慢化问题时，应提到传统上称之为年龄近似或费米连续减速模型。此模型中假设中子每次碰撞区间必须是很小的数值，也即每次碰撞能量的变化是很小的。这相当于近似认为中子能量在慢化过程的损失是连续的，故称之为连续减速。

在无源、无吸收均匀介质的最简单情况下，可得费米年龄方程为

$$\nabla^2 q(r,\tau) = \frac{\partial q(r,\tau)}{\partial \tau} \tag{4-1-10}$$

式中，$q(r,\tau)$ 为慢化密度；τ 为费米年龄或中子年龄。应该强调指出 τ 的量纲为长度平方(m^2)。它的物理意义为无限介质中中子自源点产生(此时 $\tau=0$)到被慢化到年龄(能量)相应于 $\tau(E)$ 时所穿行的直线距离 r 均方值的 1/6。在热中子反应堆物理计算分析中我们需要的是热中子年龄 τ_{th}，即从裂变快中子慢化到热能时的中子年龄。它是在有限大小热中子反

应堆中子慢化过程中能表征中子泄漏的一个重要参数，在堆物理定性分析时经常用到它。表 4-1-2 中给出了几种慢化剂的热中子年龄（中子能量为 0.025 3 eV）。

表 4-1-2 几种慢化剂的热中子年龄 单位：10^{-4} m²

慢化剂	H_2O	D_2O	C	Be
τ_{th}	27.3	123	352	90

4.2 中子扩散

在讨论中子扩散时，很自然就联想到大学物理气体动理论中的分子扩散。两种物质混合时，如果其中一种物质在各处的密度不均匀，这种物质将从密度大的地方向密度小的地方散布，这种现象叫扩散。扩散现象在日常生活里的例子很多，例如，室内桌子上放置一瓶开盖的香水，不一会儿室内到处可闻到香味；又如，在玻璃杯中滴入几滴蓝色墨水，我们明显可以观察到蓝墨水慢慢在杯中扩散开来，这都是分子从密度高的地方向密度低的地方散布的扩散现象。

现在联系到反应堆物理中，中子扩散就是指在热中子反应堆里，热中子从密度大的地方向密度小的地方散布的扩散现象。

中子扩散又是堆内一基本物理过程。裂变中子在堆内经弹性散射很快就慢化成热中子了，但堆内热中子扩散运动的时间远长于裂变中子慢化成热中子的时间。我们将无限介质中热中子扩散到被吸收的平均时间称为扩散时间。表 4-2-1 给出了几种慢化剂的慢化时间和扩散时间。

表 4-2-1 几种慢化剂的慢化时间和扩散时间

慢化剂	慢化时间 t_m/s	扩散时间 t_d/s	慢化剂	慢化时间 t_m/s	扩散时间 t_d/s
H_2O	6.3×10^{-6}	2.05×10^{-4}	BeO	7.5×10^{-5}	6.71×10^{-3}
D_2O	5.1×10^{-5}	0.137	石墨(C)	1.4×10^{-4}	1.67×10^{-2}
Be	5.8×10^{-5}	3.89×10^{-3}			

热中子扩散过程满足扩散方程。根据中子数守恒的原则来建立中子扩散方程，这就是说，在单位体积内，中子密度对时间的变化率应该等于中子的产生率减去中子的消失率（包括吸收反应率和泄漏率），可以表示如下：

$$\frac{\partial n(t)}{\partial t} = \text{产生率}(S) - \text{泄漏率}(L) - \text{吸收反应率}(R_a) \tag{4-2-1}$$

其中，产生率 S 为中子源密度（单位时间、单位体积里产生的中子数）；泄漏率为 L，根据斐克定律，单位时间、单位体积泄漏出去的中子数为泄漏率，泄漏率 $L=-D\nabla^2\phi$；D 为扩散系数；吸收反应率 $R_a=\Sigma_a\phi$。

整理可得常用的扩散方程如下：

$$\frac{1}{v}\frac{\partial\phi(t)}{\partial t}=S+D\nabla^2\phi-\Sigma_a\phi \tag{4-2-2}$$

如果堆内 ϕ 不随时间变化，则得稳态的中子扩散方程如下：

$$D\nabla^2\phi-\Sigma_a\phi+S=0 \tag{4-2-3}$$

如果在没有外中子源的情况下，即 $S=0$，则无源稳态中子扩散方程为

$$D\nabla^2\phi-\Sigma_a\phi=0 \tag{4-2-4}$$

在热中子扩散过程中也引入一个物理参数，即扩散长度 L，其值可由扩散系数 D 和宏观吸收截面 Σ_a 来确定：

$$L^2=D/\Sigma_a \tag{4-2-5}$$

现在无源稳态中子扩散方程可表示为

$$\nabla^2\phi-\frac{1}{L^2}\phi=0 \tag{4-2-6}$$

分析可得到三种规则几何形状的中子通量密度分布：

(1) 无限宽平板：$\phi(x)=A\mathrm{sh}\dfrac{x}{L}+C\mathrm{ch}\dfrac{x}{L}$　(4-2-7)

(2) 球对称：$\phi(r)=A\dfrac{\mathrm{e}^{-r/L}}{r}+C\dfrac{\mathrm{e}^{+r/L}}{r}$　(4-2-8)

(3) 无限高圆柱对称：$\phi(r)=AI_0\left(\dfrac{r}{L}\right)+CK_0\left(\dfrac{r}{L}\right)$　(4-2-9)

待定系数 A 和 C 可由边界条件来确定。

理论分析可证明：扩散长度的平方值 L^2 等于无限介质中热中子从产生点到被吸收点间直线距离均方值的 1/6（见图 4-2-1）。

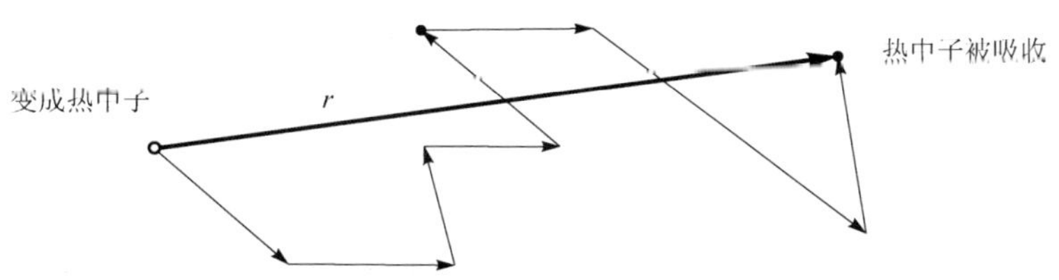

图 4-2-1　热中子扩散长度 L 示意图

$$L^2=\frac{1}{6}\overline{r^2} \tag{4-2-10}$$

可见扩散长度的大小能影响到反应堆内热中子泄漏。L 越大，则热中子产生地点到被吸收点所移动的直线平均距离越大，因而热中子泄漏到反应堆外的概率也就越大。

下面给出了几种慢化剂的热中子扩散参数，见表 4-2-2。

在讨论了快中子慢化和热中子扩散之后，我们还要引进一个反应堆物理计算分析中常用的物理量——徙动长度 M。定义

$$M^2=\tau_{th}+L^2 \tag{4-2-11}$$

式中，τ_{th} 是热中子年龄；L 是热中子扩散长度；M^2 通常称之为徙动面积。

根据在中子慢化与中子扩散过程所知的中子年龄和热中子扩散长度的物理意义可得

表 4-2-2 常用慢化剂在 293 K 时的热中子扩散参数

慢化剂	密度 $\rho/(g\cdot cm^{-3})$	扩散系数 D/cm	宏观吸收截面 Σ_a/cm^{-1}	扩散长度 L/cm
水(H_2O)	1.00	0.16	1.97×10^{-2}	2.85
重水(D_2O)	1.10	0.87	2.9×10^{-5}	170
铍(Be)	1.85	0.50	0.104×10^{-2}	21
石墨(C)	1.60	0.84	2.4×10^{-4}	59

$$M^2 = \frac{1}{6}\left(\overline{r_s^2} + \overline{r_d^2}\right) \tag{4-2-12}$$

式中：r_s——无限介质中快中子从源点到慢化为热中子时所穿行的直线距离；

r_d——无限介质中慢化成热中子后到被吸收、扩散所穿行的直线距离；

r_M——无限介质中快中子从源点产生一直到变成热中子最后被吸收时所穿行的直线距离，见图 4-2-2。

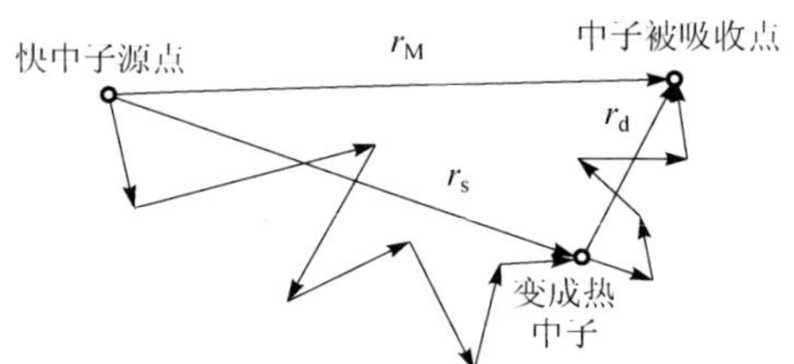

图 4-2-2 徙动长度的计算

由图 4-2-2，

$$\boldsymbol{r}_M = \boldsymbol{r}_s + \boldsymbol{r}_d \tag{4-2-13}$$

等式两端取均方值，则

$$\overline{r_M^2} = \overline{r_s^2} + \overline{r_d^2} + 2\,\overline{r_s r_d \cos\theta} \tag{4-2-14}$$

由于 $\boldsymbol{r}_s$、$\boldsymbol{r}_d$ 的方向彼此不相关，因而两者夹角的余弦 $\cos\theta$ 的平均值等于零。于是

$$\overline{r_M^2} = \overline{r_s^2} + \overline{r_d^2} \tag{4-2-15}$$

代入(4-2-12)式，即得

$$M^2 = \frac{1}{6}\,\overline{r_M^2} \tag{4-2-16}$$

所以，徙动面积 M^2 的物理意义就是在无限介质中快中子从源点产生，经慢化直到变成热中子后被吸收所穿行的直线距离均方值的 1/6。显然可见，M 越大，中子不泄漏的概率 P 越小，因此，徙动长度 M 是影响堆芯中子泄漏大小的重要参数。

最后还要指出，反应堆内中子年龄 τ 和热中子扩散长度 L 均可通过实验方法测量，在反应堆物理实验专著和文献中均有专门介绍，这里就不讨论了。

复习思考题

1. 什么是中子慢化？
2. 如何选择热中子反应堆的慢化剂？
3. 什么是中子扩散？
4. 热中子扩散长度的物理意义是什么？
5. 什么是徙动长度？其物理意义是什么？

第五章　反应堆临界

5.1　链式反应

从前面的讨论中我们知道，当中子与原子核发生核裂变反应时，原子核通常分裂为两个中等质量的裂变碎片，同时将平均放出两个以上新的中子（裂变中子），并释放出能量。裂变中子在适当的条件下，会进一步引起它周围其他可裂变原子核发生裂变而放出更多的裂变中子，如果反应能不断地持续下去，这种过程就称为链式裂变反应，简称链式反应，图 5-1-1 形象地表示了这一过程。

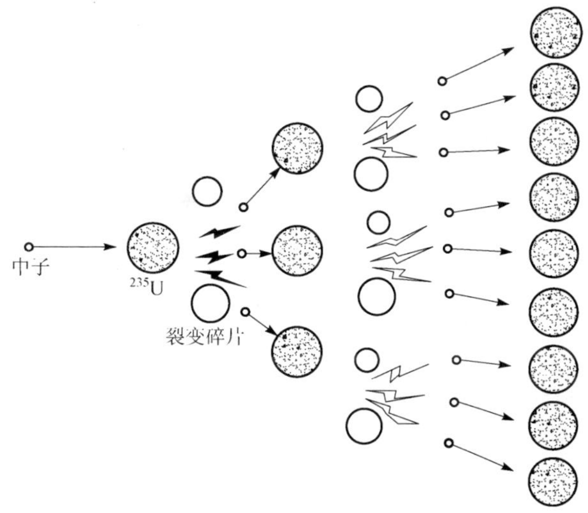

图 5-1-1　链式裂变反应示意图

链式反应如不依靠外界的作用能持续进行下去，则称为自持链式反应。发生自持链式反应的具体条件是，当一个可裂变核吸收一个中子产生裂变后，新产生的裂变中子平均至少要有一个能再引起核裂变反应。但必须注意到，在核裂变过程中产生的中子并非完全都能再引起裂变反应。中子在运动过程中，一方面可能发生其他非裂变核的吸收核反应，另一方面有一部分中子不可避免地会从反应堆中泄漏损失掉，这是因为反应堆中不仅包含着核燃料、冷却剂、慢化剂和结构材料等，而且反应堆本身的大小也是有限的，中子可能逸出堆芯外而损失掉。

对于热中子反应堆，引起链式反应的主要是热中子，但裂变释放的中子基本上都是快中子。第四章已经讨论过，裂变中子在反应堆内一定要经过中子慢化过程，使原来能量较高的裂变中子经过与慢化剂原子核相互作用后，逐渐慢化成热中子。热中子在被燃料吸收前，在堆内还将经历由密度高向低密度的扩散过程。中子在慢化和扩散过程中都存在泄漏损失。因此，链式反应是在裂变中子经历一系列过程后得以自持下去。只有反应堆内单位时间内裂变产生的中子数等于或多于单位时间内因吸收和泄漏损失的中子数，反应堆内链式反应才可能自持下去。核电厂反应堆就是一种可控的自持链式反应的动力装置，而原子弹则是一种不可控的自持链式反应装置。

5.2　反应堆临界

反应堆处在临界状态，即反应堆临界，是指反应堆内，在无外中子源的情况下，中子的产生率和消失率之间保持严格的平衡，使链式反应得以以恒定的速率持续地进行下去的工作状态。具有给定几何布置与材料组成的堆芯或装置能够达到临界所需的最小尺寸，称为临界尺寸或临界大小。临界反应堆内核燃料的装载量，也就是维持自持链式裂变反应所需的易裂变物质的最小质量称为临界质量。一座反应堆的临界质量通常指反应堆芯部中没有控制棒和化学补偿毒物情况下的临界质量，也即净堆临界质量。反应堆的临界质量取决于反应堆的类型、材料成分、几何形状和结构等条件，但对于任何一个特定的反应堆是一个确定的数值。例如，用^{235}U作燃料的反应堆，其临界质量可以小于 1 kg，大到 200 kg。前者是含有^{235}U富集度为 90%左右的铀盐溶液均匀反应堆的临界质量，后者是天然铀石墨反应堆中所含的^{235}U质量。反应堆的临界条件可以通过增殖因子来表示。

下面引用日常生活的例子来说明反应堆临界以及与反应堆功率之间的关系。

图 5-2-1 中的小水桶表示反应堆堆芯。通过进水阀进水表示反应堆芯内中子的产生，排水阀排水表示反应堆芯内中子的消失，桶内水位表示堆内中子水平，即反应堆功率。

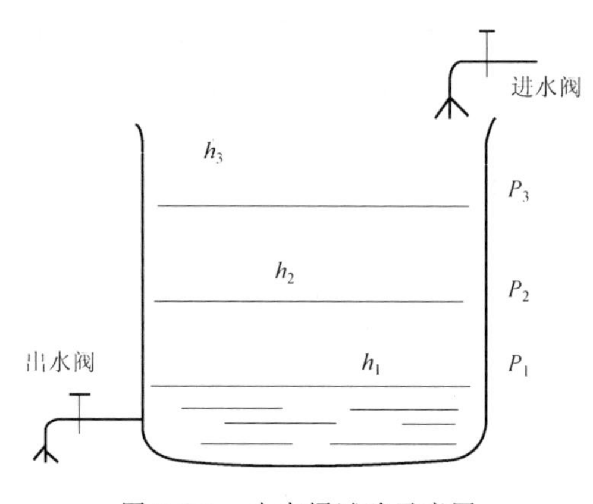

图 5-2-1 小水桶试验示意图

假定，固定水桶的排水流量，调节进水阀门开度，相当于调节反应堆内控制棒，使进水流量刚好等于排水流量，此时桶内水位稳定在某一数值，这是动态的平衡。对反应堆来说，相当于调节反应堆内控制棒位，使堆内中子的产生与中子的消失达到动态平衡了。水位的高低表示了堆内中子水平高低，即堆功率的大小。此时反应堆是处在临界状态，且堆稳定运行在当前的功率水平上。

现在如果增大进水阀开度(相当于提高了控制棒位)，进水流量大于排水流量，桶内水位上升，相当于堆内中子水平增长，即堆功率上升，反之亦然。进水阀开度的大小，相当于控制棒升降的多少，可改变桶内水位升降的速度，即堆内中子水平变化的快慢，也就是堆功率增长或下降的速度。进水阀一旦调回到原来开度时(控制棒回到原先棒位)，进水流量又等于排水流量了，此时又达动态平衡了，桶内水位稳定在一个新水平上，即堆内中子水平变到一个新水平上，也就是堆功率稳定在新水平上了。在图 5-2-1 中，当水位稳定在 h_1 时，堆功率为 P_1，当水位增长稳定在 h_2 时，堆功率增长为 P_2，当水位增长到 h_3 时稳定了，此时反应堆功率又升高稳定在 P_3 新水平上。尽管功率 P_1、P_2、P_3 的大小不同，但这三种情况下反应堆都处在临界状态。

桶内水位上升过程，是反应堆内中子增长过程，即堆功率提升过程，此时反应堆内中子产生率大于消失率，反应堆处在超临界状态；反之，反应堆处在次临界状态。反应堆功率增长的快慢，反映了反应堆周期的长短，在以后讨论。

特别应该说明一点：此例中调节阀是纯机械的，进水阀门的开度不受水位高低的影响。这个例子用到动力反应堆上时，应该进行修正，因为不同功率水平下，控制棒位是不同的(即使堆内硼浓度相同)，所以阀门开度不变就不确切了，在后面讨论功率亏损时还要讨论。

5.3 增殖因子

增殖因子是反应堆内裂变产生的新生一代的中子数与产生它的直属上一代中子数之比，或中子的产生率与中子的消失率之比，通常用符号 k 表示。在反应堆内，中子主要是由于易裂变物质的裂变反应产生的。中子的消失有两种途径，即在反应堆内被吸收和从反应堆表面泄漏出去。增殖因子又分为无限增殖因子和有效增殖因子。

5.3.1 无限增殖因子

无限增殖因子是指反应堆假想为无限大的增殖因子，通常用 k_∞ 表示。无限大体积的反应堆内没有中子泄漏损失，中子由核裂变产生，仅由于被反应堆内各种材料的吸收而损失。热中子反应堆的无限增殖因子可用四因子公式表示：

$$k_\infty = f\eta\varepsilon p \tag{5-3-1}$$

式中，f 为热中子利用因子，它是被反应堆内所有材料吸收的热中子中，为燃料所吸收的份额。

即，
$$f = \frac{\text{燃料吸收的热中子数}}{\text{堆芯内被吸收的热中子数}} \tag{5-3-2}$$

假定热中子通量密度相等，则

$$f = \frac{\Sigma_a^U}{\Sigma_a^U + \Sigma_a^M + \Sigma_a^S} \tag{5-3-3}$$

式中，Σ_a^U、Σ_a^M、Σ_a^S 分别为燃料的热中子宏观吸收截面、慢化剂的热中子宏观吸收截面、结构材料的热中子宏观吸收截面。由(5-3-3)式可知 f 总是小于 1。

η 为有效裂变中子数，它是燃料每吸收一个热中子后由于裂变而产生的平均裂变中子数。

$$\eta = \nu\frac{\Sigma_f}{\Sigma_a} \tag{5-3-4}$$

其中，ν 是每次裂变所产生的平均裂变中子数，^{235}U 裂变 $\nu=2.43$；Σ_f/Σ_a 为由于燃料每吸收一个热中子引起裂变的概率。

ε 是快中子倍增因子，它反映^{238}U 快裂变的贡献，是每一初级裂变中子所得到的最后慢化到^{238}U 裂变阈能(1.1 MeV)以下的中子数。ε 也是稍大于 1 的因子。

p 为逃脱共振吸收概率，它表示中子在慢化过程中逃脱^{238}U 共振吸收的份额。p 是小于 1 的数。

k_∞ 是反映反应堆增殖特性的重要参数。四因子公式在早期热中子反应堆计算中被广泛地应用。随着计算技术的飞速发展，计算方法不断完善，四因子公式已经不能满足要求了。但现在的一些问题的分析中仍然还应用它，因为它可以给出较清晰的物理概念。

5.3.2 有限增殖因子

有限增殖因子是有限大小反应堆系统的增殖因子，通常用 k_{eff} 表示。对于有限大小的反应堆的增殖因子讨论时，必须考虑中子的泄漏损失，根据定义，$k_{eff}=k_\infty P$，其中 P 为中子不泄漏概率，它由两部分组成：慢化过程中的不泄漏概率 P_s 和热中子扩散过程中不泄漏概率 P_d，即 $P=P_sP_d$。不泄漏概率不仅与反应堆系统的材料特性有关，也与系统的大小和几何形状有关。因而，在没有外中子源时，有限大小反应堆的临界条件是 $k_{eff}=1$。这时反应堆处于稳态，反应堆内有稳定的中子通量密度分布。若 $k_{eff}<1$，反应堆是次临界的，当没有外中子源时，ϕ 就会不断衰减到零。若 $k_{eff}>1$，反应堆是超临界的，ϕ 将随时间不断地按指数规律增长，图 5-3-1 给出了热中子反应堆内中子平衡关系。

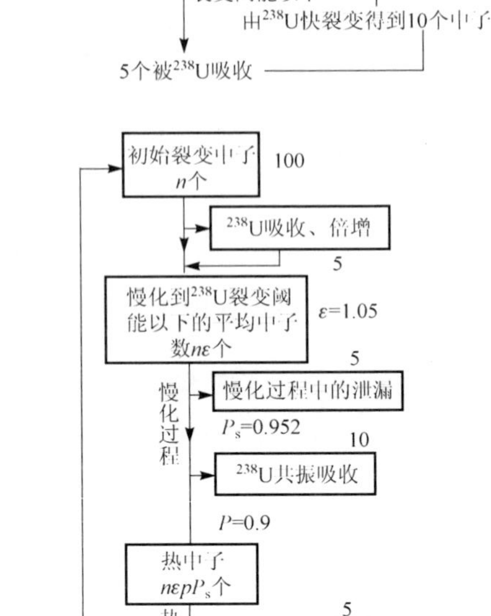

图 5-3-1 热中子反应堆内中子平衡示意图

5.4 临界计算与临界方程

5.4.1 临界计算

反应堆临界计算的任务可归结为以下两种：

(1) 给定了反应堆的材料成分和形状，确定反应堆的临界尺寸。

(2) 给定了反应堆的形状和尺寸，确定临界时反应堆的材料成分。

一般是确定核燃料 ^{235}U 的富集度，或所需控制毒物的数量及其布置。这是工程设计中常遇到的情况。

在反应堆物理设计及燃耗计算中，还经常遇到这样的情况：已知反应堆的几何形状、大小以及堆芯燃料和其他材料成分，确定反应堆的有效增殖因子或反应性。

临界计算是反应堆物理设计的重要部分，除了求出反应堆临界时的体积大小和燃料成分及燃料装载量外，另一个重要的任务是确定临界状态下堆内中子通量密度分布。

反应堆临界计算常用的方法是分群扩散理论。

5.4.2 临界方程

临界方程是表示反应堆达到临界，维持自持链式反应的条件。上述 $k_{eff}=k_\infty P=1$ 为临界条件。应用不同的理论，可以求得不泄漏概率的不同表达式。最简单、最实用的有以下两种：

(1) 单群理论

假设堆内只有热中子，称为单群。单群临界方程为

$$\frac{k_\infty}{1+L^2B^2}=1 \tag{5-4-1}$$

(2) 双群理论

假设堆内有两群中子:一群为热中子,另一群为快中子。双群临界方程为

$$\frac{k_{\infty}}{(1+L^2B^2)(1+\tau B^2)}=1 \tag{5-4-2}$$

以上临界方程中,$1/(1+\tau B^2)$为慢化过程的不泄漏概率 P_s,而 $1/(1+L^2B^2)$为热中子扩散过程的不泄漏概率 P_d。

通常将满足上述临界方程的 B^2 值称为材料曲率 B_m^2。材料曲率 B_m^2 显然只取决于反应堆芯的材料成分和特性(如 k_{∞}、L^2、τ 等),而与反应堆的几何形状及大小无关。例如,对于单群理论,$B_m^2=\frac{k_{\infty}-1}{L^2}$。引进了材料曲率概念后,反应堆临界条件可简述为临界时几何曲率等于材料曲率,即临界方程可以写成

$$B_g^2=B_m^2 \tag{5-4-3}$$

在次临界情况下,$B_g^2>B_m^2$,超临界情况下,$B_m^2>B_g^2$。

5.5 中子通量密度分布

上节中已经提出了临界计算的另一个重要任务是确定临界状态下堆内中子通量密度分布。下面我们首先讨论裸堆情况。

5.5.1 裸堆几何曲率和中子通量密度分布

当反应堆处在临界状态时,经理论分析,反应堆内的中子通量密度满足齐次方程

$$\nabla^2\phi(r)+B^2\phi(r)=0 \tag{5-5-1}$$

其中,B^2 为方程的特征值。可以证明,反应堆处在临界状态时 ϕ 为稳态分布,它只取决于基态($n=1$)的最小特征值以及反应堆的几何曲率或材料曲率,其他所有模态($n>1$)都衰减为零了。表 5-5-1 中给出不同形状裸堆的几何曲率和中子通量密度分布。

表 5-5-1 不同几何形状裸堆的几何曲率、中子通量密度

几何形状	尺寸*	几何曲率 B^2	中子通量密度分布 ϕ	最小临界体积 V
球形 (r)	半径 (R)	$\left(\frac{\pi}{R}\right)^2$	$A\frac{\sin\frac{\pi}{R}r}{r}$	$\frac{130}{B^3}$
长方体 (x、y、z)	边长 (a、b、c)	$\left(\frac{\pi}{a}\right)^2+\left(\frac{\pi}{b}\right)^2+\left(\frac{\pi}{c}\right)^2$	$A\cos\frac{\pi}{a}x\cdot\cos\frac{\pi}{b}y\cdot\cos\frac{\pi}{c}z$	$\frac{161}{B^3}$
圆柱体 (r、z)	半径 R 高度 H	$\left(\frac{2.405}{R}\right)^2+\left(\frac{\pi}{H}\right)^2$	$AJ\left(\frac{2.405}{R}r\right)\cos\left(\frac{\pi}{H}z\right)$	$\frac{148}{B^3}$

* 包括外推距离

从表 5-5-1 中最后一列可以看到,对于一定的成分,球形反应堆的临界体积(或质量)比长方体、圆柱体的临界体积(或质量)都小。这原因在于:对于一定量的材料,球形具有最小的表面积。裂变中子是在反应堆芯内产生的,但都是通过表面泄漏到堆外。因此,对某一成

分来说，面积对体积比率最小的反应堆具有最小的临界质量。

图 5-5-1 给出了三种几何形状经归一后中子通量密度的分布函数。

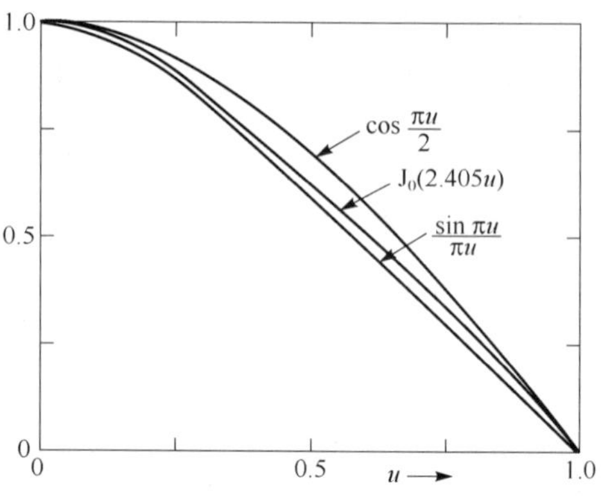

图 5-5-1 决定中子通量密度分布的函数

5.5.2 热中子通量密度展平

在实际运行的压水堆核电厂的反应堆堆芯里，热中子通量密度分布是不均匀的。

对于给定的反应堆，其单位体积的最大允许功率输出受到热工条件的限制。因此，为了提高堆芯总的功率输出，必须采取一些措施使得反应堆内中子通量密度分布变得平坦一些(材料成分相同时，堆功率与中子通量密度成正比，下节讨论)，通常称为通量密度展平。展平的主要措施有：

(1) 反应堆堆芯核燃料分区布置，将堆芯按径向分布为三区或多区，不同区里采用不同富集度的燃料，这样可以达到径向展平的目的。例如典型的四环路压水堆核电厂的初始燃料装载方案中采用三区(如 2.1%、2.6%、3.1%)装载。

(2) 压水堆核电厂反应堆内，采用化学补偿溶液(硼酸)控制，它是均匀分布在堆内的，能减少控制棒数目与提升、下插的次数，也减小由此引起堆内通量的畸变。

(3) 压水堆核电厂采用束棒控制，在堆内合理布置。

(4) 压水堆核电厂首次初始装料时，可燃毒物棒合理布置也能起到展平作用。

(5) 实际运行的反应堆不是裸堆，堆芯外围都设有反射层。反射层不仅可将反应堆堆芯泄漏出来的中子部分散射回堆芯，减少了临界质量，它同时也起着展平中子通量密度分布的作用。

5.5.3 中子通量密度与核反应堆功率

现在讨论一下中子通量密度与核反应堆功率的关系。众所周知，一次核裂变将产生约 200 MeV 的核能。这些能量最终将以热能的形式释放出来，因此，堆功率将正比于该体积单位时间内总的裂变次数，也即正比于裂变反应率 R(单位时间，单位体积内中子与可裂变物质发生裂变核反应的次数)的堆芯体积。

裂变反应率

$$R_f = nv\Sigma_f \tag{5-5-2}$$

即

$$R_f = \phi\Sigma_f = \phi N\sigma_f \tag{5-5-3}$$

式中：N——单位体积内可发生裂变反应的原子核数，单位为 cm^{-3}；

Σ_f 是宏观裂变截面，它是一个中子穿行单位距离能引起核裂变反应的概率的度量，单位为 cm^{-1}。因此，裂变反应率 $R_f=\Sigma_f\phi=N\sigma_f\phi$[裂变数/($cm^3$ · s)]。

假设核反应堆堆芯的总体积是 V，单位为 cm^3，则每秒能发生的裂变数为 $VN\sigma_f\phi$。而要产生 1 W 的功率，则需要每秒有 3.1×10^{10} 次裂变，所以核反应堆的功率可以写成

$$P = VN\sigma_f\bar{\phi}/3.1\times10^{10} \tag{5-5-4}$$

式中：$\bar{\phi}$——堆芯中的平均中子通量密度，单位为 $cm^{-2}\cdot s^{-1}$；

功率 P 的单位为 W。

对于已建好的核反应堆来说，堆芯体积 V 和宏观裂变截面 $\Sigma_f = N\sigma_f$ 是确定的，所以由(5-5-4)式可看出，核反应堆的输出功率与堆内平均中子通量密度成正比。在堆内各处宏观裂变截面相同的前提下，核反应堆内什么地方的中子通量密度大，则这个地方的单位体积发出的功率也大，反之亦然。

上一节中已经介绍了堆内中子通量密度展平的措施，既然中子通量密度正比于堆功率，那么将中子通量密度展平，堆内功率分布也就展平了。

在实际应用中，通常多采用可裂变物质质量 G 这个物理量，$G=V\rho$，其中密度 $\rho=\dfrac{AN}{N_0}$，A 为相对原子质量，对 ^{235}U，$A=235$；N_0 为阿伏加德罗常数：$6.02\times10^{23}\ \mathrm{mol}^{-1}$

因此，

$$G = \frac{235VN}{6.02\times10^{23}} \tag{5-5-5}$$

G 的单位为 g。

所以核反应堆的功率可以表示为

$$P = \frac{6.02\times10^{23}}{3.1\times10^{10}\times235}G\sigma_f\bar{\phi} = 8.3\times10^{10}G\sigma_f\bar{\phi} \tag{5-5-6}$$

P 的单位为 W。

由上式可见，中子通量密度越高，裂变反应率越大，堆输出功率就越高。从物理上讲，在有足够核燃料后备装置的情况下，如能实现自持链式反应，核反应堆超临界，中子通量密度的增长可以越来越高，即功率可以越来越大。但实际不然，因为堆内产生的核能以热能的形式出现，堆内传热就是关键问题。堆物理设计即使各方面先进，由于在热工上受到限制，也是不能实现的。当然这当中还存在着材料性能（要求耐高温、耐辐照等）、制造工艺等一系列问题，绝非那样简单，这是一个很强的系统工程问题，也正因为如此，实际核反应堆的设计是综合性的，且是很复杂的。

5.6　临界实验

反应堆物理实验中反应堆临界研究是重要课题之一。反应堆临界实验一般都是在零功率反应堆（即堆功率非常低，可达几十瓦的临界装置）上进行的，通过实验来确定反应堆的临界质量或大小。趋近临界的实验方法，对水堆讲，主要有元件法（堆芯充满水，逐步向堆芯添加燃料元件趋近临界）、水位法（堆芯内预先插好燃料元件，通过逐步向堆芯加水来趋近临界）、提捧法（堆芯内充满水，装好燃料元件，插入控制捧，通过逐步提出一定高度控制棒来趋近临界）等。

对于压水堆核电厂，由于初始装料完成后，控制棒全插入堆芯，整个堆芯充水（含硼水），它趋近临界靠提升控制棒或稀释硼浓度来完成的。由于压水堆核电厂必须遵从运行规程，所以它是升温升压至工作状态下开堆趋近临界的，但趋近临界的基本原理都是一样的。

5.6.1　趋近临界的基本原理

5.6.1.1　次临界公式

趋近临界操作的基本原理与研究性反应堆的基本相同，都是以次临界公式作为依据的。

假定外中子源和中子通量密度都是均匀分布的，设每代放出 S_0 个源中子，那么在反应堆中经过增殖后的中子数为：

第 1 代末的中子数 $N_1 = S_0 + S_0 k_{\text{eff}} = S_0(1 + k_{\text{eff}})$

第 2 代末的中子数 $N_2 = S_0 + [S_0(1 + k_{\text{eff}})]k_{\text{eff}}$

$= S_0(1 + k_{\text{eff}} + k_{\text{eff}}^2)$

第 3 代末的中子数 $N_3 = S_0 + [S_0(1 + k_{\text{eff}} + k_{\text{eff}}^2)]k_{\text{eff}}$

$= S_0(1 + k_{\text{eff}} + k_{\text{eff}}^2 + k_{\text{eff}}^3)$

……

第 m 代末系统内的中子总数应为

$$N_m = S_0(1 + k_{\text{eff}} + k_{\text{eff}}^2 + k_{\text{eff}}^3 + \cdots + k_{\text{eff}}^m) \qquad (5\text{-}6\text{-}1)$$

因为现在反应堆是处在次临界状态，$k_{\text{eff}} < 1$，又因为每个中子代时间约为 10^{-4} s，也即经过 1 s 完成上万代的中子循环，所以 m 非常大（可认为 $m \to \infty$）。因此，(5-6-1)式近似为一无限等比级数求和，可表示成

$$N = \frac{S_0}{1 - k_{\text{eff}}} \qquad (5\text{-}6\text{-}2)$$

这个公式称作次临界公式。它表示了一个次临界堆在外中子源存在的情况下，系统内的中子数趋近于一个稳定值。实际上，反应堆起着放大中子源的作用。外中子源 S_0 越强，堆内的中子数目就越多，探测到的中子通量密度水平就越高；反之亦然。堆内中子数目与 k_{eff} 有关。系统越接近于临界，即 k_{eff} 越接近 1，N 就越大。当系统到达临界，k_{eff} 等于 1 时，中子数无限地增大，也就是中子数的倒数趋于零。图 5-6-1 给出了中子数倒数 $1/N$ 与 k_{eff} 的关系。

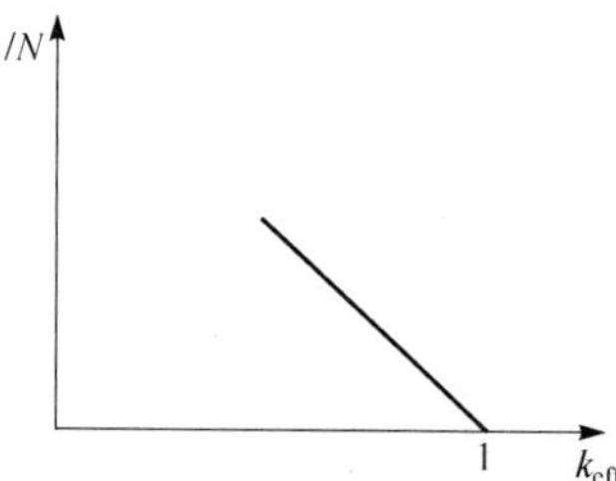

图 5-6-1　$1/N$ 与 k_{eff} 关系

5.6.1.2　1/M 外推法

堆内初始的中子数

$$N_0 = \frac{S_0}{1 - k_{\text{eff}_0}} \qquad (5\text{-}6\text{-}3)$$

任一时刻的中子数

$$N = \frac{S_0}{1 - k_{\text{eff}}} \qquad (5\text{-}6\text{-}4)$$

如果归一，则

$$M = \frac{N}{N_0} \qquad (5\text{-}6\text{-}5)$$

改变堆内 k_{eff} 的途径可以通过提起控制棒，或改变硼的浓度（稀释）来实现。现在核电厂启动多采用作 $1/M$ 曲线来外推临界。具体办法为：根据运行规程，提棒至 h_1 时，得 $1/N_1$，再提棒至 h_2 时，得相应的 $1/N_2$。两点连成直线，外推与横坐标轴相交。交点 h_c 即为外推临界棒位，见图 5-6-2。用 M_1 去替换 N_1，M_2 替换 N_2 后去外推临界点的方法为 $1/M$ 外推法。

当然，理想的 $1/M$ 曲线是直线，但实际上 $1/M$ 曲线有可能是凹形，也可能是凸形，如图 5-6-3 所示。尽管两种情况最后外推临界结果都归于 h_c，但对外推过程来讲，凹形走向较为

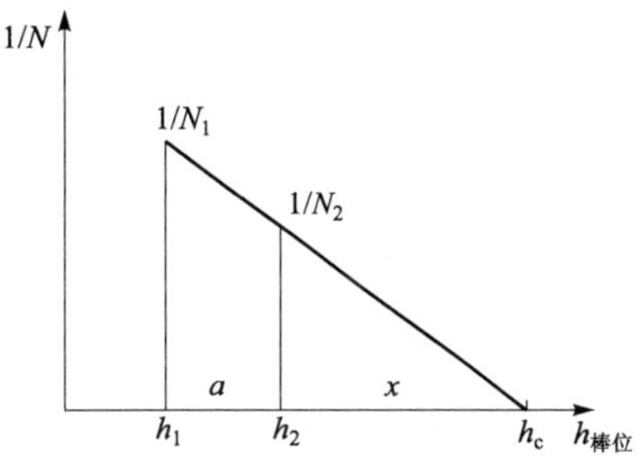

图 5-6-2　1/N 与控制棒位

安全。影响 1/M 曲线的因素有中子源在堆芯内的位置与中子探测器(包括堆内、外)的位置。为了安全,在启动过程中,技术规范要求有至少两套独立的源量程中子计数系统是可运行的;否则,不能启动。实际上,对首次启动,往往临时增添一套,以增加外推结果的可靠性。

根据(5-6-3)式、(5-6-4)式和(5-6-5)式可得

$$M = \frac{1-k_{\text{eff}_0}}{1-k_{\text{eff}}} \tag{5-6-6}$$

所以

$$k_{\text{eff}} = 1-\frac{k_{\text{eff}_0}}{M}$$

$$= 1-\frac{\Lambda k_{\text{eff}_0}}{M} \tag{5-6-7}$$

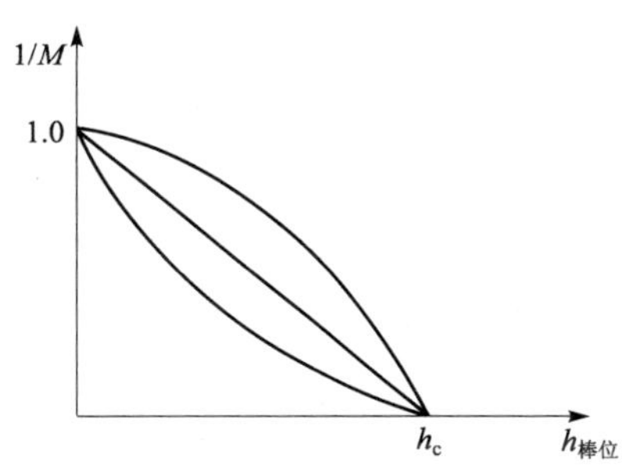

图 5-6-3　1/M 外推曲线

表 5-6-1 中列出了已给初始 $k_{\text{eff}_0}=0.948\,1$ 情况下堆内中子水平不同翻番后的 k_{eff} 值。

显然可见,如果中子计数率翻了 6 番,即 $M=64$,k_{eff} 值已达到 0.999 2 了,这种情况下反应堆是能够达到临界的。在完全重复趋近临界时,往往不需要作 1/M 外推,此时,可以仔细观察源量程中子计数率翻番来判断反应堆能否到达临界。压水堆电厂启动过程中,判断反应堆能否到达临界的运行经验是源量程计数率能否翻 5～7 番。

表 5-6-1　反应堆启动过程不同 M 下的 k_{eff} 值

中子计数率/番	M	k_{eff}	中子计数率/番	M	k_{eff}
0	1	0.948 1	4	16	0.996 7
1	2	0.974 1	5	32	0.998 4
2	4	0.987 0	6	64	0.999 2
3	8	0.993 5			

5.6.1.3　相似三角形法

在图 5-6-4 中,当控制棒位为 h_1 时,计数率为 N_1,当棒位为 h_2 时计数率为 N_2。在两个相似三角形中有以下比例关系:

$$\frac{x}{a+x} = \frac{1/N_2}{1/N_1} \tag{5-6-8}$$

所以

$$x = a\cdot\frac{N_1}{N_2-N_1} \tag{5-6-9}$$

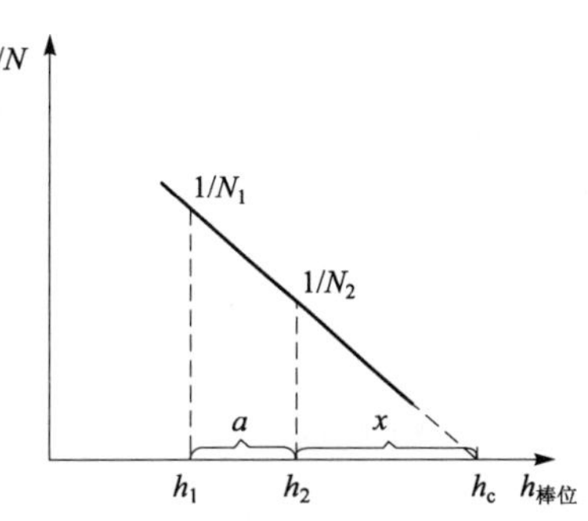

图 5-6-4　相似三角形法

这样欲求的临界棒位为

$$h_c = h_2 + a \cdot \frac{N_1}{N_2 - N_1} \tag{5-6-10}$$

分析讨论：

(1) 当 $N_2 = 2N_1$，计数率翻一番情况时，$x = a$，这意味着控制棒再提 a 步，反应堆即可达到临界了。

(2) 当 $N_2 = 3N_1$，计数率增长超过一倍时，$x = a/2$，这意味着控制棒再提 $a/2$ 步（小于 a 步），反应堆就可达临界了。

(3) 当 $N_2 = (3/2)N_1$，计数率增长没超过一倍时，$x = 2a$，这说明控制棒需再提 $2a$ 步，反应堆方能达到临界。

控制室操纵员，特别是值班长，可以根据每次提棒完毕后中子计数变化的情况，而预料到控制棒再提若干步反应堆可达临界，做到心中有数，这在启动过程中是很有实际意义的。

$1/M$ 外推法的优点是可以得到一条完整的计数特性曲线，但外推过程中容易出现误差，直接影响到外推结果。而相似三角形法，则不需要作图外推，计算简单，结果准确，但得不到完整的计数特性曲线。

5.6.2 中子源

反应堆启动时，堆芯内需装有外中子源。在反应堆启动过程中，为了保证安全，必须掌握反应堆的次临界度，以避免因过快地提升控制棒而造成未预期的超临界，而无外加中子源的次临界状态的反应堆，不具有足够的中子密度来形成可测量出的中子通量密度水平，所以要在反应堆内装入中子源以提高启动的测量准确度和克服测量上的盲区来保证安全。（俄罗斯有些核电站采用无中子源启动，我国江苏田湾核电站为一例。）

反应堆堆芯内装有初级中子源和次级中子源两种放射性同位素中子源。

5.6.2.1 初级中子源

首次装料，启动时需要装入的中子源称为初级中子源。过去常用以铍(Be)作为“靶核”的中子源，如 Pu-Be，Po-Be 和 Am-Be 等中子源。它们的共同特点是(α，n)核反应产生中子，这些源的 γ 射线辐射强度低，所以操作和屏蔽是简单的。从表 5-6-2 中可以看出：Pu-Be 源的比强度最小，Am-Be 源的次之，Po-Be 源的最大。值得注意的是 Po-Be 中子源的半衰期较短($T_{1/2}$=138.4 d)。

表 5-6-2 (α，n)中子源

	Po-Be	Pu-Be	Am-Be
产额/[n/(s·Bq)]	0.068	0.046	0.059
发射体重量/(g/Bq)	0.61×10^{-11}	4.7×10^{-7}	0.081×10^{-7}
半衰期	138.4 d	24 360 a	453 a
发热率/(W/Bq)	8.65×10^{-10}	8.38×10^{-10}	8.92×10^{-10}
约计体积/(mL/Bq)	0.27×10^{-8}	3.24×10^{-7}	0.81×10^{-7}
最大源强/Bq	3.7×10^{9}	3.7×10^{8}	1.85×10^{8}
γ 能量/MeV	0.8，4.43	4.43	0.06，4.43

现在很多压水堆核电厂采用^{252}Cf(锎)自发裂变中子源作为初级中子源。这是利用很多重核能产生自发裂变而放出中子的性质。但一般的自发裂变概率较小，而比较适宜的是^{252}Cf。在高中子通量密度[约 10^{14} n/(cm^2·s)]反应堆内照射钚 Pu 或超 Pu 核素可以产生^{252}Cf，表 5-6-3 列出了^{252}Cf的主要性质。它既能衰变发射 α 粒子，又能自发裂变产生中子。其中子的比发射率非常高，因而这种源极其致密小巧。中子能谱近似于裂变中子谱。

表 5-6-3　^{252}Cf的性质

中子发射率	2.34×10^{12}/(s·g)，1.19×10^{2}/(s·Bq)	α 衰变的半衰期	2.73 a
每次裂变放出的平均中子数	3.76	自发裂变的半衰期	85.5 a
中子平均能量	2.35 MeV	α 粒子的平均能量	6.12 MeV
源盒体积	<1 mL	总发热量	38.5 W/g
有效半衰期	2.65 a		

5.6.2.2　次级中子源

最常用的为光中子源^{124}Sb-Be 源。^{124}Sb 是由天然锑(57.2%^{121}Sb，42.8%^{123}Sb)经中子照射后产生的。核反应式为$^{123}Sb(n,\gamma)^{124}Sb$。$^{123}Sb$ 的热中子俘获截面为 60.9×10^{-19} cm^2。^{124}Sb 的半衰期为 60.9 d。衰变过程中它能发出几种 γ 射线，其中能量为 1.692 MeV的占 48%。应该指出的是，这种光中子源要求 γ 射线的能量必须大于 1.67 MeV才引起 Be 的(γ,n)核反应，又因为^{124}Sb 的半衰期短，为了维持源强，必须经常对之进行重复照射。

对压水堆核电厂讲，初始装载时，初级中子源和次级中子源都以组件形式安装在堆芯里了。

5.6.3　反应堆临界判断

趋近临界过程中，如何判断反应堆是否临界是很重要的。判断临界最简单的做法是将外中子源撤出堆芯，如果此时堆的功率测量表上指示能稳定在某一数上，即说明堆内的中子产生与中子消失真正达到动态平衡了，也就是反应堆自身实现了链式裂变反应，堆已达临界状态了。应该特别强调：反应堆临界是反应堆此增殖系统的内在特性。如果堆功率测量指示不能稳定在某个数值上，而是在不断上升，哪怕是很缓慢地上升，也说明此时堆已超临界了，此时堆内中子产生与中子消失这一对矛盾的主要方面在中子产生；反之，则反应堆处在次临界状态。

5.6.4　标准临界点

鉴于压水堆核电厂的具体情况，初级中子源组件、次级中子源组件在初始装料时就安装在压水堆堆芯里，一旦启动就取不出来了。因此，不能再用取走外中子源的办法来判断临界了。具体地讲，当核仪表中间量程的功率表读数在 10^{-10} A(I.R.)左右时，如果此时超临界有周期，也是内含外中子源的周期。这说明了此时堆内裂变中子水平很低，相比之下，外中子源的影响必须要考虑。实际上，现在的核电厂早已商业化了，其主要用途就是安全发电，至于具体确定何时反应堆达到临界的实际意义不大。现在人为规定在中间量程功率表指示在 1×10^{-8} A(I. R.)并稳定不动时为标准临界点，正常运行规程中，明确此时启动达到了临界点，同时记下此时堆内的平均温度、硼浓度以及控制棒位。

之所以规定指标 1×10^{-8} A(I. R.)的原因之一，在于此时堆内中子水平已经高上 2 个量级了，堆中子的作用明显覆盖了源中子的影响。那么问题又提出了，为什么不再选得更大些，例如 10^{-7} A、10^{-6} A 等呢？因为功率为 10^{-8} A 时堆内平均温度没变化，仍是常数，如果功率继续上升，堆内平均温度将有所上升，反应性的温度效应就不能不考虑了。加热点(POAH)约为 3×10^{-6} A(I. R.)。所以，现在世界公认的压水堆核电厂标准临界点为 1×10^{-8} A(I. R.)。

5.6.5 最低临界温度

这也是针对压水堆核电厂而言的，因为压水堆核电厂启动开堆是从热态开始的，即一回路系统先加热升温至工作状态，堆芯平均温度在 280 ℃以上(不同核电厂不同)，工作压力为 15 MPa 多。在核电厂的重要文件技术规格书(Tech. Specs.)中对反应堆达到临界的平均温度有明确限制，例如，秦山核电厂规定最低临界温度不得低于 280 ℃。(此限制值也因电厂不同而稍有区别)

之所以对最低临界温度有限制，主要考虑以下几点：

(1) 保证电厂安全运行在负温度系数($\alpha_T<0$)的条件下。在慢化冷却剂一定的硼浓度(特别硼浓度较高的情况)下，低温情况下有可能出现正温度系数($\alpha_T>0$)；

(2) 停堆仪表都处于其正常的工作范围内；

(3) 要求稳压器一定运行在具有汽腔的条件下；

(4) 反应堆压力容器一定要处在其最小的脆性转变温度之上。这是在压力容器设计中对材料性能的重要要求。

因此，电厂运行对最低临界温度限值的规定是有依据的。低于最低临界温度到达临界是违反技术规范的，是不允许的。

5.6.6 栅格的非均匀效应

世界上运行的反应堆绝大多数是非均匀堆。压水堆核电厂的反应堆是典型的非均匀堆。栅格是堆芯的最基本单元。典型栅格的示意图见图 5-6-5。栅格几何参数是指燃料元件的直径 d 和栅距 s。反应堆的 k_∞ 与栅格几何参数是密切相关的。很明显，假若燃料元件直径 d 一定、栅距 s 一定，则堆芯里燃料元件和慢化剂的体积比 V_{H_2O}/V_{UO_2} 就确定了，由于堆芯里中子慢化过程中水中的氢核起主要作用，因此常用 N_H/N_U 来代替 V_{H_2O}/V_{UO_2}(其中 $N_U=N_{235}+N_{238}$)。堆芯 N_H/N_U 值不同将直接影响到 k_∞。对于压水堆讲，如何选定 N_H/N_U 这个比值将直接影响到反应堆的稳定性。众所周知，压水堆核电厂之所以具有固有安全性，主要是与反应堆物理设计中正确选取 N_H/N_U 比值紧密相关。这一问题将在后续章节里讨论。

栅格的非均匀效应是由于栅格结构的非均匀性，引起燃料和慢化剂内的中子通量密度分布不同，并使核反应堆物理参数发生变化的效应。在非均匀栅格中，由于燃料块空间规则

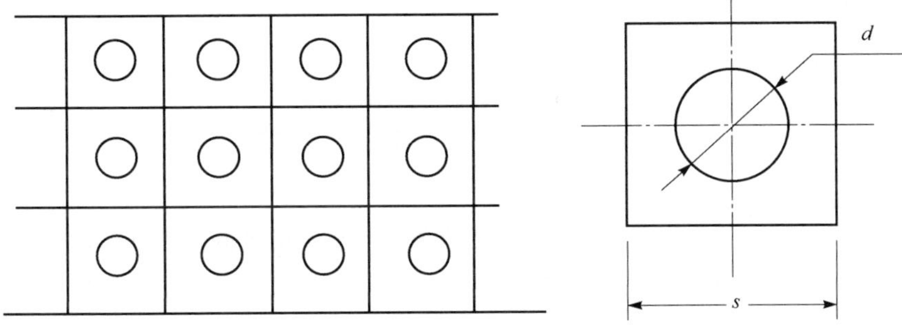

图 5-6-5 堆芯栅格示意图

或周期方式排列，呈栅格结构。在非均匀栅格中，一方面由于热中子主要在慢化剂中产生和燃料块空间自屏效应，燃料块内的热中子通量密度比慢化剂中的低，使得热中子利用因数减小。另一方面，由于空间自屏效应，燃料块内共振中子通量密度降低，同时由于在非均匀结构内，中子在慢化过程中与慢化剂核碰撞的概率增大，减少了燃料对共振中子吸收，而使逃脱共振概率增加。这是非均匀堆一个主要优点。此外，非均匀结构增加了裂变中子与^{238}U核的快中子裂变概率，使快中子倍增因子比均匀堆的大。通过合理地选择燃料块的尺寸和燃料块间的距离(栅距)，在燃料与慢化剂核子数比值相同的情况下，可使非均匀栅格 k_∞ 比均匀堆的大。例如，在 1942 年前后，当时只有天然铀可用作核燃料。对其分析表明，由天然铀与即使吸收性最小的慢化剂，如石墨和重水，所组成的均匀系统也是无法使 k_∞ 大于 1 的，因此无法达到临界。但是，稍后进一步进行理论分析表明，若将天然铀和石墨组成非均匀系统，则是可以达到临界的。这就是世界上建成的第一座核反应堆是非均匀的原因。

5.6.7 临界安全

在结束本章之前，必须特别强调临界安全问题。反应堆运行总是要安全第一。

回顾反应堆物理的发展，特别在 20 世纪 60—70 年代，反应堆临界实验曾经发生过不少事故，教训是惨痛的。例如，原南斯拉夫的重水临界实验由于堆芯进水阀门失控，结果产生了瞬发超临界，后果严重；又如前苏联的快堆临界实验装置设计不安全，在实验过程中，上半球由于悬链断开，突然下落两球合一，造成瞬发超临界，后果严重，见图 5-6-6。

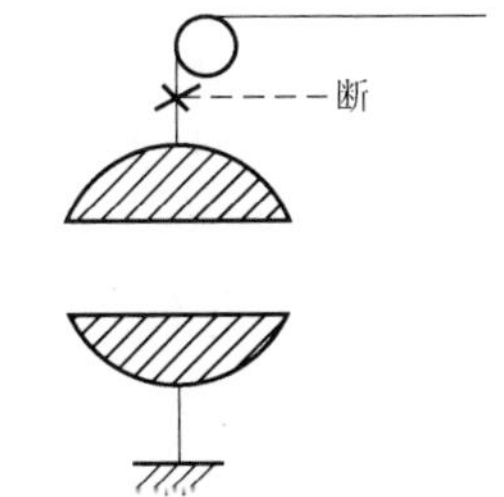

图 5-6-6 快堆临界实验装置示意图

这两个例子都是设计上没遵从“失事安全”原则。前者进水阀为电磁阀，设计上是通电时阀门关闭，断电时打开，因此断电故障向堆芯进水不可控了，后者是移动上半球(可动)，固定下半球进行实验。因此如果固定上半球，移动下半球向上进行实验，就不会出现问题了。这都是设计上的问题。我们应该遵从的设计原则是：出问题应向事态安全方向发展，即“失事安全”。

下例为大面积浅底的临界实验，如图 5-6-7 所示。

容器内盛有燃料溶液，每次实验完毕后溶液用小吸水泵抽出，但实验员嫌小泵抽水速度太慢，误将容器倾斜以倒出燃料溶液，孰知几何形状发生了变化，由原来泄漏大的表面，突然变成小体积，泄漏量大大减少，致使小堆瞬发超临界造成事故。这原因在于物理概念不清，操作没考虑到后果。这就同于堆的几何形状为长方体与球体相比一样。所以在进行临界实验时,工作人员必须要有清楚的物理概念。

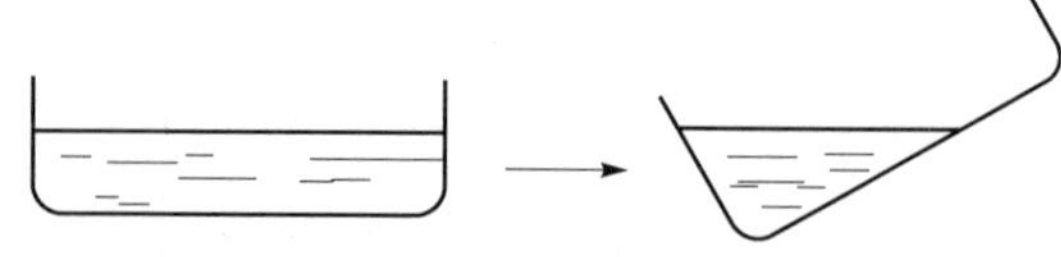
图 5-6-7 大面积浅底临界实验示意图

这样例子在 20 世纪 60—70 年代还是很多的。当然,人们有个认识过程,特别当时条件还是不成熟的,简陋的,经过不断总结经验,逐渐总结出规律性的东西。国际原子能机构认为临界实验中保证安全主要原则有两个方面:

(1) 严格限制向反应堆芯一次添加正反应性量;

(2) 严格限制向反应堆芯内正反应性的添加率(即单位时间的反应性添加量)。

这体现在实验进行上,每次增加正反应性量遵循 $1/n$ 规则。具体讲,对于初次临界实验的新堆应遵循 1/3 规则,即以外推临界值与当时燃料棒数(或水位)差值的 1/3 作为下次添加量(偏于安全)。但对于已经做过的重复型临界实验,则遵循 1/2 规则,即扩大了实验前进步伐。由于诸多因素存在,千万不可一次添加到外推值以求到临界,这样往往会出现意外超临界的。一般当外推至 $k_{eff} \geqslant 0.998$ 时,根据规程可以直接向临界过渡。

压水堆核电厂情况则不同,主要在于世界上压水堆核电厂早已成为商品,经验丰富、条件成熟,已经总结出成套的重要文件(如技术规格书、运行规程等),只要运行人员严格遵守规程,完全能够做到安全运行。

在压水堆核电厂里开堆趋近临界是正常运行规程之一。凡是执照上岗的操纵员都明确安全操作,这也是经常考核操纵员的内容之一。在这运行规程中也明文规定了一些注意事项内容,如:

(1) 不能同时以两种(或多种)不同方式向堆内添加正反应性,例如,可以提棒添加正反应性,也可以稀释硼添加正反应性,但绝对不允许提棒与稀释硼同时进行。相反,向堆内引入负反应性时,则不然,允许插棒与硼化同时进行。

(2) 反应堆启动率(SUR)应小于 1 DPM,即反应堆周期不短于 26 s。

(3) 密切监视启动过程中一回路平均温度 T_{avg} 及硼浓度 c_B。

由于运行参数 T_{avg} 与 c_B 直接能影响到堆的临界值。例如,启动趋近临界过程中,由于二回路主管线上的电动卸压阀密封不严导致一回路 T_{avg} 缓慢下降,由于温度系数是负值,所以 T_{avg} 不断下降会向堆内引入一定的正反应性量,因此,这种情况下临界棒位就一定小于 T_{avg} 不变情况下的临界棒位值,也就是说会提前到达了临界。

又由于某种原因使堆芯内慢化剂硼意外稀释,硼浓度 c_B 在缓慢下降,这也向堆内引入一定量的正反应性,也能使堆提前到达临界。所以操纵员在整个过程中要严密监视 T_{avg}、c_B 的变化。正由这两个运行参数重要,所以在控制盘上除已有仪表指示外,还在明显的位置上另装有数字显示的 T_{avg} 表与硼浓度计。

这里特别要提醒的是,绝大多数事故都是由人失误造成,因此,要求运行人员具备很好的安全素养,树立安全第一的意识。经验证明,只要严格遵守规程完全可以保证安全运行。

本节既然讨论临界安全问题,还应该指出,在非反应堆的场合,例如在易裂变材料的生产、加工、处理、储存和运输等过程中,也都应该保持清醒头脑,必须采取措施避免发生意外临界或超临界事件。

（说明：本节谈及的某些概念如反应性等在后续章节里将详细讨论。）

复习思考题

1. 什么是链式反应？什么是自持链式反应？说明发生自持链式反应的条件。
2. 什么是反应堆临界？
3. 什么是增殖因数 k？说明六因子公式。
4. 试述趋近临界的基本原理。
5. 如何判断反应堆临界？
6. 压水堆核电厂的标准临界点如何选取？
7. 压水堆核电厂反应堆临界为什么有最低温度的限制？
8. 给出中子通量密度的定义。
9. 给出几种中子通量密度展平的措施。
10. 简述临界安全问题。

第六章 反应性

当反应堆处于稳定功率运行状态，即临界状态时，堆内中子的产生与消失是保持动平衡的。但在反应堆运行过程中，存在着如下一些现象：核燃料的燃耗，由裂变产物的积累所造成的中毒效应，燃料和慢化剂的温度变化以及其他一些如空泡现象等，这些现象都会使本来处在临界状态的反应堆偏离临界。在堆物理设计上，就必须根据具体要求，充分考虑这些实际问题；而反应性正是与之紧密相关的重要反应堆动态参数。在堆运行过程中，反应性是随时间在不断变化的量，因此，要保证反应堆能在额定功率下运行一定的工作期，就必须储备必要的反应性，以补偿上述各种情况所引起的反应性变化。对于一座运行着的反应堆，人们总是希望它能及时地、稳定地提供所需的功率。如何达到这个目的，就取决于人们对反应性的控制。

本章第 1 节里讨论了与反应性直接相关的内容；第 2 节讨论反应性系数，重点是温度系数与功率系数等；在第 3 节里将专门讨论反应性控制的有关问题。

6.1 反应性与反应堆周期

6.1.1 反应性

6.1.1.1 定义

反应性是表示核反应堆偏离临界程度的一个物理量，其数学表示形式为

$$\rho = 1 - \frac{1}{k_{eff}} \tag{6-1-1}$$

式中，ρ 为反应性；k_{eff}为有效增殖因子。

当反应堆处在临界状态时，$k_{eff}=1$，反应性 $\rho=0$；当反应堆超临界时，$k_{eff}>1$，反应性 $\rho>0$，为正值；当反应堆次临界时，$k_{eff}<1$，反应性 $\rho<0$，为负值。

例 1 若反应堆的有限增殖因子 $k_{eff}=0.90$，计算反应堆的反应性。

解

$$\rho = 1 - \frac{1}{k_{eff}} = \frac{k_{eff}-1}{k_{eff}}$$
$$= -11.1\%\ \Delta k/k$$

现在核电厂运行中通常使用 PCM(或 pcm)①这样一个术语。它定义为

$$1\ \text{PCM} = 10^{-5} \cdot \Delta k/k \tag{6-1-2}$$

例如，$\rho=-11.1\%\ \Delta k/k=-11\ 100$ PCM。又在反应堆动态讨论中，反应性也常用“元”表示，1 元反应性为 1 β_{eff}，β_{eff}为有效缓发中子份额，也记作 1＄。1＄=100¢(1 元等于

---

① PCM 即 percent millirho 的缩写，相当于 10^{-5}。

100 分）。假如堆的 $\beta_{eff}=0.007\ \Delta k/k$，即 1＄＝700 PCM。

以上反应性 $\rho=\frac{k_{eff}-1}{k_{eff}}$ 的表示式是应用在 k_{eff} 接近于 1（偏离临界小）的情况；但对于假设有几个反应性或 k_{eff} 偏离 1 较大的情况，美国西屋公司推荐应用对数形式表示：

$$\Delta\rho=\ln\frac{k_{eff,2}}{k_{eff,1}} \tag{6-1-3}$$

例如，$k_{eff}=0.95$，则反应性按 $\rho=\frac{k_{eff}-1}{k_{eff}}$ 表示可得

$$\begin{aligned}\rho&=\frac{k_{eff}-1}{k_{eff}}=\frac{0.95-1}{0.95}=-0.052\,63\Delta k/k\\&=-5.263\%\Delta k/k\\&=-5\,263\text{PCM}\end{aligned}$$

但如果应用对数表示(6-1-3)式计算 $\Delta\rho$，则

$$\begin{aligned}\Delta\rho&=\ln\frac{k_{eff,2}}{k_{eff,1}}\quad(\text{其中 } k_{eff,1}=1.0)\\&=\ln\frac{0.95}{1.00}\\&=-0.05129\ \Delta k/k\\&=-5\,129\ \text{PCM}\end{aligned}$$

很明显，应用两种不同表示方式计算所得结果是不相同的。

数学上可以推证，当 k_{eff} 接近于 1 时，两种表示形式所确定的反应性很相近。

例 2　若反应堆开始是处在停堆状态 $k_{eff,1}=0.95$，现操纵员欲使反应堆向超临界过渡到 $k_{eff,2}=1.002$，试问操纵员应向反应堆添加多少反应性？

解

以(6-1-1)式表示计算

$$\rho_1=\frac{k_{eff,1}-1}{k_{eff,1}},\ \rho_2=\frac{k_{eff,2}-1}{k_{eff,2}}$$

$$\Delta\rho=\rho_2-\rho_1=\frac{k_{eff,2}-k_{eff,1}}{k_{eff,1}\cdot k_{eff,2}}=5\,460\ \text{PCM}$$

对数表达式结果为

$$\Delta\rho=\ln\frac{1.002}{0.95}=5\,329\ \text{PCM}$$

6.1.1.2　剩余反应性

考虑到诸多核电厂的运行要求（后续章节里将详细讨论），反应堆的燃料装载得具有一定的储备，所以 k_{eff} 大于 1。此时反应堆的反应性 ρ 大于 0，以保证反应堆运行一定时间。此时的反应性 ρ 称之为剩余反应性，也称过剩反应性，记作 ρ_{ex}。

现引进剩余有效增殖因数 k_{ex}，其定义为

$$k_{ex}=k_{eff}-1 \tag{6-1-4}$$

如果将(6-1-4)式两端同除以 k_{eff}，则得

$$\rho=\frac{k_{eff}-1}{k_{eff}}=\frac{k_{ex}}{k_{eff}} \tag{6-1-5}$$

当反应堆接近临界时,(6-1-5)式右端近似表示为 k_{ex},此时的反应性,也即堆的过剩反应性与 k_{ex} 数值上近似相等。如果 $k_{eff}=1.001$,$k_{ex}=0.001$,此时 $\rho_{ex}=0.001$。但如果 k_{eff} 数值较大时,其对数表示形式为

$$\rho_{ex}=\ln\frac{k_{eff}}{k_{eff,0}} \tag{6-1-6}$$

因为反应堆临界时 $k_{eff,0}=1$,所以

$$\rho_{ex}=\ln k_{eff} \tag{6-1-7}$$

例如一座典型的压水堆核电厂,其第一循环的 $k_{eff}=1.26$,因此剩余增殖因数 $k_{ex}=0.26$,或 26%Δk。在这个循环寿期末,k_{eff} 减小到 1.05,即 $k_{ex}=0.05$ 或 5%Δk。如果以反应性表示,寿期初的剩余反应性 ρ_{ex} 应为

$$\begin{aligned}\rho_{ex}&=\ln\frac{1.26}{1.00}=0.231\,1\Delta k/k\\&=23\,110\ \text{PCM}\end{aligned}$$

寿期末时,

$$\begin{aligned}\rho_{ex}&=\ln\frac{1.05}{1.00}=0.048\,79\Delta k/k\\&=4\,879\ \text{PCM}\end{aligned}$$

应该指出,当 k_{eff} 接近于 1 时,其反应性数值 ρ 几乎等于 k_{ex} 值;但当 k_{eff} 不接近于 1 时,通常多用 k_{ex},即 Δk,此时它不是剩余反应性 ρ_{ex} 的近似值。上例中已见到明显差别了。当 $k_{eff}=1.26$ 时,$k_{ex}=\Delta k=0.26$,$\rho_{ex}=0.231\,1$,k_{ex} 与 ρ_{ex} 数值上可差 0.028 9;当 $k_{eff}=1.05$ 时,$k_{ex}=\Delta k=0.05$,$\rho_{ex}=0.048\,79$,k_{ex} 与 ρ_{ex} 数值上差别为 0.001 21。

6.1.1.3 停堆反应性

在压水堆核电厂运行技术规格书中,都有停堆深度这一重要定义。假定最大价值的一束控制棒全部卡在堆外,而其他棒组(包括控制棒组与停堆棒组)全部插入堆内,由此,使反应堆处于次临界或从现时状态将达到次临界,使堆次临界的反应性总量称为停堆深度。在确定停堆深度时要用到停堆反应性这个量。停堆反应性是反应堆内控制棒、硼浓度、裂变毒物(氙等)和温度变化而引入的反应性量总和。

例如,某压水堆核电厂稳定功率运行在 50%满功率水平上,Xe 毒性已达平衡值,临界棒位为控制棒 D 组 150 步,临界硼浓度为 1 000 ppm,在此情况下停堆了,停堆后两天硼浓度增至 1 200 ppm,计算此时停堆反应性。

(1) 停堆棒

正常运行时停堆棒均提出堆芯。

停堆后引入负反应性

$$\Delta\rho_{\text{停堆棒}}=-4\,130\ \text{PCM}$$

(2) 控制棒

停堆前控制棒组 A、B、C 均提至上限,D 组为 150 步。

停堆后引入负反应性

$$\Delta\rho_{\text{控制棒}}=-2\,588\ \text{PCM}$$

(3) 裂变毒物(只考虑 ^{135}Xe)

停堆前为平衡氙毒，停堆两天(48 h)后，^{135}Xe 已处在消毒段，且毒物的反应性低于平衡氙毒，所以由此而向堆引入了正反应性。

$$\Delta\rho_{Xe} = +2\ 000\ \text{PCM}$$

(4) 硼浓度

停堆前临界硼浓度为 1 000 ppm。

停堆两天后硼浓度增长到 1 200 ppm，所以浓度变化向堆内引入了负反应性。

$$\Delta\rho_{B} = -2\ 080\ \text{PCM}$$

在不考虑温度变化的情况下，

$$\begin{aligned}\text{停堆反应性} &= \Delta\rho_{\text{停堆棒}} + \Delta\rho_{\text{控制棒}} + \Delta\rho_{Xe} + \Delta\rho_{B} \\ &= -4\ 130 - 2\ 588 + 2\ 000 - 2\ 080 \\ &= -6\ 798\ \text{PCM}\end{aligned}$$

既然确定了停堆反应性，那就很容易确定出停堆深度。

$$\text{停堆深度} = \text{停堆反应性} - \text{参考反应性}$$

其中，参考反应性是指零反应性参考点与所有棒在堆外(ARO)热态零功率(HZP)反应性差。图 6-1-1 给出了反应性平衡图。所以，停堆深度 = −6 798 − (−855) = −5 943 PCM。

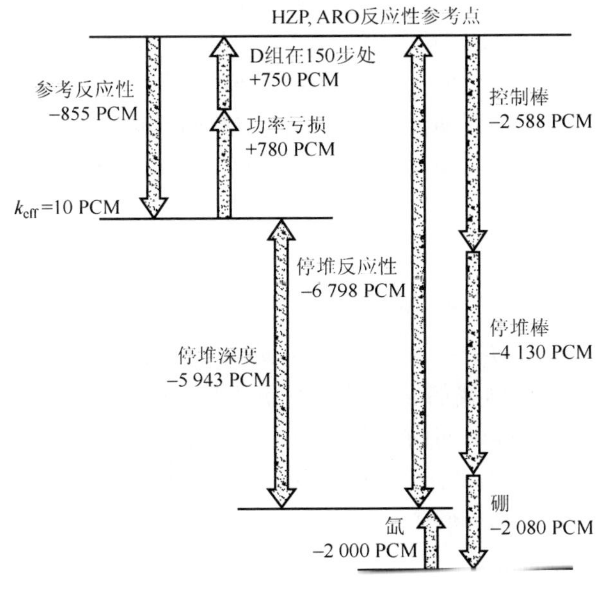

图 6-1-1 反应性平衡图

根据核电厂运行技术规范就可检查所得出的停堆深度结果是否满足安全要求了。

6.1.1.4 一次允许释放的反应性

核电厂原来稳定功率运行在一定功率水平上(如 50% 满功率)，此时临界棒位为 $h(\rho=0)$，现如果将控制棒提起至 h_1，即提起 $\Delta h = h_1 - h$，反应堆处在超界状态，堆功率以一定的速率指数上升，上升的快慢取决于 Δh 的大小，即 $\Delta\rho$ 的大小。但一次提棒 Δh 向堆引入的正反应性 $\Delta\rho$ 是受到一定限制的。这就是说，不允许反应堆功率上升太快。这是根据人因工程学决定的，因为人的反应能力是有限的。否则，核电厂运行可能出现异常而不安全。现在压水堆核电厂运行文件中都规定了限值。向堆内引入的正反应性限值在 $2.0\times10^{-3}\Delta k/k$ 左右(因堆不同而可能不同)。所以就将此限值称之为一次允许释放的反应性，也即一次允许向堆芯引入的正反应性量。

上一章中已讨论了，由于向堆引入正反应性会直接影响到堆的安全，所以核电厂在开堆向临界趋近的过程中，运行文件也规定了限制，不允许同时以两种不同方式向堆引入正反应性，或提控制棒，或稀释硼酸浓度，只能以一种方式。但是，向堆内引入负反应性时，则不受限制，插棒、加浓硼酸两种方式可以同时进行。

这里还应提及的是许多反应堆对反应性添加率也有限制，特别对研究性的零功率堆，国际推荐值一般不超过 $2\times10^{-4}\Delta k/k/\mathrm{s}$。但对压水堆核电厂，控制棒提升速率设计时已经确定了。特别压水堆核电厂运行的特点是：二回路负荷变化是主动的，一回路反应堆功率是跟踪负荷变化的。负荷变化率也是有限制的，且实际升功率负荷变化率很小，完全能满足安全要求。

6.1.1.5 测量方法

反应性是反应堆运行的重要参数，但它是不能直接测量的物理量，因此应该了解如何测定反应性。在反应堆物理实验中有很多测量反应性的方法，如周期法、落棒法、跳源法、振荡法、逆动态法以及脉冲中子源法。其中很多方法都需要一些专门的测量仪器设备，但对反应堆运行讲，主要是确保安全运行，而不需要非常精确的结果。通常核电厂操纵员在主控制室就利用周期法来确定反应性。周期法具有最直接、最简单的特点，且不需要附加任何仪器设备，因此，它是最实用的方法。周期法测量反应性的理论依据是反应性方程(下面将讨论)。

6.1.2 点堆动力学方程

6.1.2.1 不考虑缓发中子的点堆动态方程

由于核裂变过程中放出的中子有 99%以上是瞬发中子。为了了解仅占裂变中子份额不到 1%的缓发中子的重要性，我们假定堆所有中子都是瞬发中子。

现在根据堆内中子密度随时间的变化率与中子产生率和中子消失率的关系来建立动态方程。为了简化问题，将讨论对象定为均匀裸堆。假设在 $t=0$ 时刻以前反应堆处在临界状态，$k_{\mathrm{eff}}=1$，$\rho=0$，$t=0$ 时，向反应堆引入一阶跃反应性 $\rho=$ 常数，即从 $\rho=0$ 到 $\rho=c$ 的阶跃变化情况下，可得出如下方程：

$$\frac{1}{\nu}\cdot\frac{\partial\phi(r,t)}{\partial t}=D\nabla^{2}\phi(r,t)-\Sigma_{\mathrm{a}}\phi(r,t)+k_{\infty}\Sigma_{\mathrm{a}}\phi(r,t)\tag{6-1-8}$$

式中，$\phi(r,t)$ 为中子通量密度，$-D\nabla^{2}\phi(r,t)$ 为泄漏率，$\Sigma_{\mathrm{a}}\phi(r,t)$ 为吸收反应率，$k_{\infty}\Sigma_{\mathrm{a}}\phi(r,t)$ 为产生率。

假定中子通量密度可分离变量，即

$$\phi(r,t)=n(t)\phi(r)\tag{6-1-9}$$

式中，$\phi(r)$ 为形状函数，只与空间坐标 r 有关；$n(t)$ 为幅度函数，只与时间 t 有关，实际上是堆内平均中子通量密度。

理论分析可得出如下方程：

$$\frac{\mathrm{d}n(t)}{\mathrm{d}t} = \frac{k_{\mathrm{eff}} - 1}{l}n(t) = \frac{\Delta k}{l}n(t) \tag{6-1-10}$$

定义中子平均代时间 Λ 为

$$\Lambda = l/k_{\mathrm{eff}} \tag{6-1-11}$$

式中,l 为热中子平均寿命。

经过代换,(6-1-10)式可写作

$$\frac{\mathrm{d}n(t)}{\mathrm{d}t} = \frac{\rho}{\Lambda}n(t) \tag{6-1-12}$$

假定 $t=0$ 时,$n(t)=n_0$,则可得

$$n(t) = n_0 \mathrm{e}^{\rho/\Lambda t} \tag{6-1-13}$$

不考虑缓发中子时,堆内中子的平均寿期就等于瞬发中子的平均寿期。如果不考虑泄漏的影响,它等于无限介质中瞬发中子的慢化时间和热中子的扩散时间之和。对热中子反应堆讲,l 约为 10^{-4} s。假如 $\rho \approx \Delta k = 0.001$,$\Lambda \approx l = 0.000\,1$ s,
则

$$n(t) = n_0 \mathrm{e}^{\frac{0.001}{0.000\,1}t} = n_0 \mathrm{e}^{10t}$$

如果 $t=1$ s
则

$$n(t=1) = n_0 \mathrm{e}^{10} = 22\,026\, n_0$$

这也就是说,在 1 s 后反应堆内中子密度要增加到原先值 n_0 的 22 026 倍。因为堆功率与中子密度成正比,所以如果 $t=0$ 时反应堆功率为 1 MW,经过 1 s 后堆功率就可升至 22 026 MW(当然,前提是堆芯不烧毁的情况下)。功率发生这样的骤增,反应堆就不可控制了。但实际上,在上述情况下反应堆是可控的,因为真实堆中存在着缓发中子,尽管它只占不到总份额的 1%,但所起作用非常之大。关键在于考虑到缓发中子后,使整个裂变中子的平均寿期 l 变长了。^{235}U 裂变有 6 组缓发中子,经权重平均后,l 约为 0.083 s。

$$n(t) = n_0 \mathrm{e}^{\frac{0.001}{0.083}t} = n_0 \mathrm{e}^{\frac{1}{83}t}$$

如果 $t=1$ s,则

$$n(t=1) = n_0 \mathrm{e}^{\frac{1}{83}t} = 1.012\, n_0$$

即 1 s 后反应堆内中子密度(功率)只增长到原先值的 1.012 倍,即只增长了 1.2%。所以这样的中子密度(功率)的变化缓慢多了,操纵员很容易控制了。实际上现在运行的压水堆核电厂的反应堆之所以都是可控的,关键在于缓发中子起着决定性作用。

6.1.2.2 考虑缓发中子的点堆动态方程

考虑了缓发中子,^{235}U 裂变的动态方程就为一个耦合的一阶微分方程组。整理后方程表示如下:

$$\begin{cases} \dfrac{\mathrm{d}n(t)}{\mathrm{d}t} = \dfrac{k_{\mathrm{eff}}(1-\beta)-1}{l}n(t) + \displaystyle\sum_{i=1}^{6}\lambda_i C_i(t) & (6\text{-}1\text{-}14) \\ \dfrac{\mathrm{d}C_i(t)}{\mathrm{d}t} = \beta_i \dfrac{k_{\mathrm{eff}}}{l}n(t) - \lambda_i C_i(t) & (6\text{-}1\text{-}15) \end{cases}$$

$$(i = 1,\cdots,6)$$

式中：C_i——第 i 组缓发中子先驱核的浓度；

λ_i——第 i 组缓发中子先驱核的衰变常数；

$\sum_{i=1}^{6}\lambda_i C_i(t)$ ——缓发中子的产生率；

$\beta_i \frac{k_{\mathrm{eff}}}{l} n(t)$——第 i 组缓发中子先驱核的产生率；

$\lambda_i C_i$——第 i 组缓发中子先驱核衰变率(也即消失率)。

经过 $\Lambda = l/k_{\mathrm{eff}}$代换，可得另一种表达形式：

$$\frac{\mathrm{d}n(t)}{\mathrm{d}t} = \frac{\rho(t)-\beta}{\Lambda} n(t) + \sum_{i=1}^{6}\lambda_i C_i(t) \tag{6-1-16}$$

$$\frac{\mathrm{d}C_i(t)}{\mathrm{d}t} = \frac{\beta_i}{\Lambda} n(t) - \lambda_i C_i(t) \tag{6-1-17}$$

$$(i = 1, \cdots, 6)$$

这就是反应堆物理里经常应用的动态方程组。

下面引进点堆模型的概念。现在的中子密度和缓发中子先驱核浓度只是时间 t 的函数，它们在空间中分布形状不变，也即堆内各点中子密度随时间是同步变化的，好像堆芯没有线度尺寸一样，可以将其当作一个集中参数的系统来处理。这样的模型就称之为点堆模型。

点堆模型有局限性，不适用于与空间有关的动力学效应。点堆动态方程只适用于反应堆接近临界(偏离临界很小)和反应性扰动不大的一些问题。由于点堆模型经过了简化，形式较为简单，使用较为简便，且能取得较好的结果，现在许多压水堆核电厂系统事故分析程序广泛地应用它。

6.1.2.3 阶跃扰动时点堆模型动态方程的解

在反应堆处在临界状态下，$t=0$ 以前的时间里 $\rho=0$，现如果在 $t=0$ 时，向堆内引入一个小阶跃反应性 ρ，根据方程(6-1-16)、(6-1-17)可得：

$$n(t) = A\mathrm{e}^{\omega t} \tag{6-1-18}$$

$$C_i(t) = C_i\mathrm{e}^{\omega t} \tag{6-1-19}$$

式中，A, C_i, ω 均为待定系数。

经过整理可得到反应性方程为

$$\rho = \Lambda\omega + \sum_{i=1}^{6}\frac{\omega\beta_i}{\omega+\lambda_i} \tag{6-1-20}$$

由于

$$\Lambda = l/k_{\mathrm{eff}},\ k_{\mathrm{eff}} = \frac{1}{1-\rho}$$

代入(6-1-20)式整理后可得出反应性方程的另一种形式：

$$\rho = \frac{l\omega}{1+l\omega} + \frac{1}{1+l\omega}\sum_{i=1}^{6}\frac{\beta_i\omega}{\omega+\lambda_i} \tag{6-1-21}$$

反应性方程给出了参数 ω 和反应堆特性参数 ρ、l、k_{eff}、β_i 及 λ_i之间的关系。这是一个关于 ω 的七次代数方程，可确定出 7 个可能的 ω 值。利用图解法可得如下结果：

$$n(t) = n_0(A_1\mathrm{e}^{\omega_1 t} + A_2\mathrm{e}^{\omega_2 t} + \cdots + A_7\mathrm{e}^{\omega_7 t})$$

$$= n_0 \sum_{j=1}^{7} A_j e^{\omega_j t} \qquad (j = 1,2,\cdots,7) \tag{6-1-22}$$

式中，$t=0$ 时，中子密度为常数 n_0；$\omega_1,\cdots,\omega_7$ 是方程的 7 个根；$A_1,\cdots,A_7$ 为 7 个待定常数。分析两种情况可得：

(1) $\rho>0$，ω_1 为正，$\omega_2,\cdots,\omega_7$ 为负；

(2) $\rho<0$，ω_1 为负，$\omega_2,\cdots,\omega_7$ 为负。

ω_1 项为主要项，即稳定项，$\omega_2,\cdots,\omega_7$ 为瞬变项，即衰减项，其绝对值大于第一项，这 6 项很快就衰减掉了。最后就得出一个简单的指数函数

$$n(t) = n_0 e^{\omega_1 t} \tag{6-1-23}$$

所以 $\rho>0$，反应堆处在超临界状态，堆内中子密度随时间指数增长；$\rho<0$，反应堆处在次临界状态，堆内中子密度随时间指数衰减。这是核电厂运行中一个很有实用价值的方程。

6.1.3 反应堆周期

6.1.3.1 定义

在 $n(t)=n_0 e^{\omega_1 t}$ 中，令 $T=\frac{1}{\omega_1}$。T 就称为反应堆稳定周期或渐近周期，简称反应堆周期。

(1) 当 $\rho>0$ 时，$\omega_1>0$，$n(t)=n_0 e^{t/T}$。此时中子密度随时间指数增长，是正指数函数。反应堆内中子密度 $n(t)$ 增长到 e 倍的时间为反应堆周期 T。此时 T 为正值，称为正周期。

(2) $\rho<0$ 时，$\omega_1<0$，$n(t)=n_0 e^{t/T}$，中子密度随时间指数下降，是负指数函数。反应堆内中子密度 $n(t)$ 下降到 1/e 的时间为反应堆周期 T。此时 T 为负值，称为负周期。

应该指出，很多文献中，用堆内中子密度 $n(t)$ 变化 e 倍的时间来定义反应堆周期。这种定义叙述不确切，因为中文叙述中，可以讲增长（加）若干倍，但不能说减少（小）若干倍，应改为减少若干分之一。例如，可用增长 3 倍，但不能说减少 3 倍，确切讲应为减少到 1/3。当反应堆超临界时，反应堆周期是堆内中子密度增长到（原来的）e 倍的时间，或增长了（e－1）倍的时间，万万不可讲增长 e 倍的时间。反应堆次临界时，反应堆周期是中子密度下降到（原来的）1/e 的时间，或下降了（e－1）/e 的时间，万万不可讲下降 e 倍的时间。

还应该指出，堆内中子密度与反应堆功率成正比，所以也可用如下表示式：

$$P(t) = P_0 e^{t/T} \tag{6-1-24}$$

也即反应堆功率增长到 e 倍的时间，或反应堆功率下降到 1/e 的时间，称之为反应堆周期。严格讲，它是 e 倍周期。

6.1.3.2 反应堆倍周期

因为反应堆内中子密度（或功率）是时间的指数函数，所以在堆运行中反应堆周期不便于直接测量。功率表指示见图 6-1-2。

假若 $t=0$ 时，指针指在 10 上，随功率上升指针向右移动，根据反应堆周期定义，当指针走到 27.182 8 时的时间就是 e 倍周期，但 27.182 8 在功率表上无法刻度，可是针走到刻度 20 时指示明显易找到。从 10 到 20，反应堆功率（或中子密度）翻一番的时间，也即功率增长一倍或增长到原来两倍的时间，我们称之为倍周期。

$$P(t) = P_0 e^{t/T}$$

现在

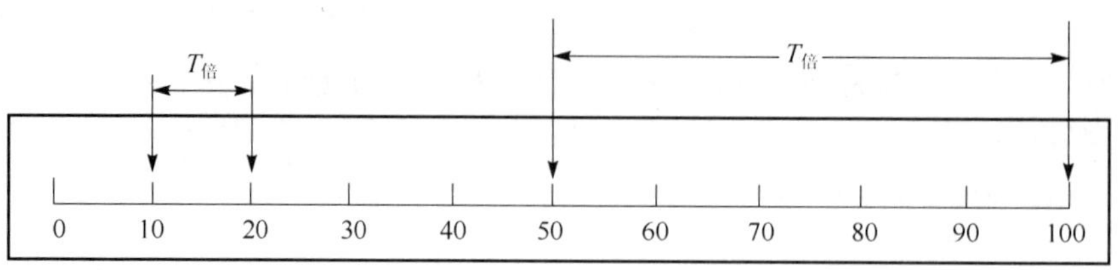

图 6-1-2　功率测量仪示意图

$$P = 2P_0$$

代入

$$2P_0 = P_0 e^{T_倍/T}$$

$$\ln 2 = \ln e^{T_倍/T}$$

$$T_倍/T = \ln 2$$

$$T_倍 = T\ln 2 = 0.693\ \mathrm{T} \tag{6-1-25}$$

分析可见：

(1) 倍周期短于 e 倍周期，如果反应堆周期为 100 s，则倍周期为 69.3 s。

(2) 当功率指针从 10 升到 20 或 50 至 100，所需的时间均为倍周期，数值应该相等。

(3) 测量简单方便。运行时操纵员只需要停表就可以进行测量了。

应该指出：因为功率按指数增长，所以指针在功率表上并非匀速运行，而是越走越快。如果倍周期为 5 s，即从 10 升到 20 需要 5 s，这对操纵员而言还是能接受的，但从 50 到 100 也只需 5 s，对操纵员来讲就太快、太紧张了，很可能操纵员的反应就跟不上了。前面讨论一次允许释放反应性量受到限制，实际上就是周期太短，超出了操纵员的反应能力。周期与反应性的关系确定于反应性方程，所以对一次允许释放反应性有限制，实际上就是对反应堆周期有所限制。例如，压水堆核电厂的反应堆周期不短于 26 s(倍周期 18 s)。

6.1.3.3　次临界周期

反应堆周期也可用中子密度与其对时间的变化率的比值来定义。

求导

$$\frac{\mathrm{d}n(t)}{\mathrm{d}t} = \frac{1}{T}n_0 e^{t/T}$$

所以

$$T = \frac{n_0 e^{t/T}}{\dfrac{\mathrm{d}n(t)}{\mathrm{d}t}}$$

$$= \frac{n(t)}{\dfrac{\mathrm{d}n(t)}{\mathrm{d}t}} \tag{6-1-26}$$

当反应堆处在临界状态时，中子密度不随时间变化，$\frac{\mathrm{d}n(t)}{\mathrm{d}t}=0$，此时反应堆周期 T 趋于无穷($T\to\infty$)，当然，$\rho=0$。

这里介绍的次临界周期是指反应堆从次临界向临界趋近过程的一种周期表示。此时，

次临界周期取决于 $n(t)$ 与 $\frac{dn(t)}{dt}$。很显然，$\frac{dn(t)}{dt}$ 越大，T 越短。这说明中子密度随时间变化率直接影响到次临界周期，虽然现在反应堆处在次临界状态，但 T 越短，意味着不安全性越大。因此，在运行规程中对次临界周期也有所限制。特别在零功率反应堆上，为保证堆的安全，还专门设置了次临界周期保护装置，一旦次临界周期短于设定值，则立即保护停堆。

6.1.3.4　反应堆周期测量

在 6.1.1.5 反应性测量中已说明周期法是最简便、最实用的方法。测量基本依据就是反应性方程

$$\rho = \Lambda\omega + \sum_{i=1}^{6} \frac{\omega\beta_i}{\omega + \lambda_i}$$

或

$$\rho = \frac{l\omega}{1 + l\omega} + \frac{1}{1 + l\omega}\sum_{i=1}^{6} \frac{\beta_i\omega}{\omega + \lambda_i}$$
$$i = 1, \cdots, 6$$

如果以反应堆周期 $T = \frac{1}{\omega}$ 代入反应性方程，则得出反应性 ρ 与反应堆周期 T 的关系式

$$\rho = \frac{\Lambda}{T} + \sum_{i=1}^{6} \frac{\beta_i}{1 + \lambda_i T} \tag{6-1-27}$$

或

$$\rho = \frac{1}{k_{\text{eff}} T} + \sum_{i=1}^{6} \frac{\beta_i}{1 + \lambda_i T} \tag{6-1-28}$$
$$\mathrm{i} = 1, \cdots, 6$$

简单讲，式中右端第一项表示瞬发中子代时间的作用，第二项则表示缓发中子对反应堆周期的影响。因此，如果运行中测得了 T 就可以根据(6-1 26)式或(6-1-27)式求得相应的 ρ。核电厂主控室中提供有计算的 ρ-T 对应表或给出了可查的 ρ-T 曲线，操纵员可以很方便地得到欲知的反应性数值。

周期测量是在堆处在超临界的条件进行的。根据测量堆内中子密度随时间变化的曲线确定反应堆周期，然后，再根据反应性方程将周期转换成反应性。对中子密度函数，有

$$N(t) = N_0 e^{t/T} \tag{6-1-29}$$

取对数，有

$$\ln N(t) = t/T + \ln N_0 \tag{6-1-30}$$

由于堆功率正比于堆内中子密度，所以功率表的指示满足指数规律：

$$\ln N'(t) = t/T + \ln N'_0 \tag{6-1-31}$$

当反应堆处在超临界状态下，只要测量出功率表同读数 N' 对应的时间 t，并将所得的结果画在半对数坐标纸上，就能得出 $\ln N'$-t 的一条直线，见图 6-1-3。该直线斜率的倒数就是反应堆的周期

$$T = (\tan\alpha)^{-1} \tag{6-1-32}$$

这样求得的周期是 e 倍周期。操纵员更喜欢直接测量倍周期，简单方便。

注意：大反应性测量时，例如堆内大当量控制棒的刻度等，如果采用周期法测量，则只好分段刻度，因为周期测量有限制，周期不能短于限值。控制棒当量的刻度曲线见图 6-1-4。

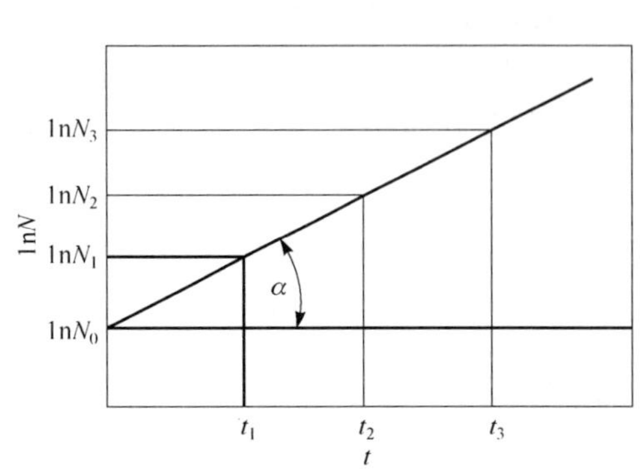

图 6-1-3 对数功率与时间的关系

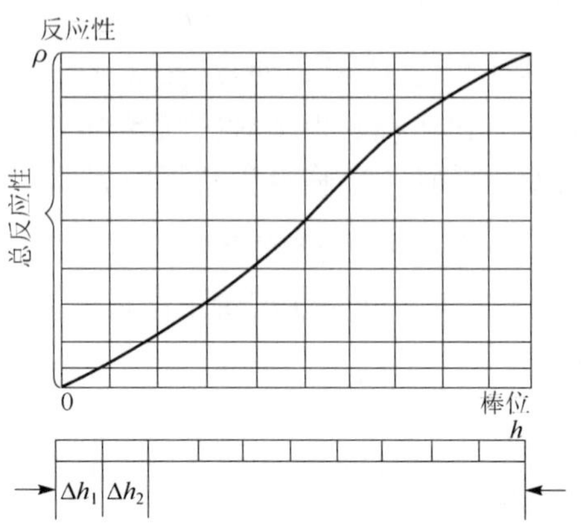

图 6-1-4 控制棒反应性当量的刻度

进行周期测量时，一定要注意此时堆内是否存在着外中子源。在反应堆启动后，向临界趋近，从次临界过渡到超临界时，如果堆内有外中子源，则开始所测得的周期是有源周期，特别对核电厂而言，堆内在初始装载时就装插入固定中子源组件。它是埋设在堆内的，无法取出，因此开始阶段由于堆内裂变中子水平较低，外中子源的中子影响必须要考虑。这正是为什么压水堆核电厂将开堆后标准临界点选取在中间量程 1×10^{-8} A 的原因之一。

周期测量对于不同类型反应堆要求不一样，对于专门进行反应堆物理实验的临界装置和零功率堆要求最高，不仅设置了周期保护，还设置了次临界周期保护，其目的是，要求能精确测定反应性。它对数据选取和处理要求也高，如采用最小二乘法处理数据等。一般堆上都设周期保护，一旦达到保护值都会停堆。但核电厂却不同，它对周期有限值，如有的核电厂超临界周期不超过 26 s(倍周期 18 s)，但是到达限值并不停堆。这是由核电厂“尽量不停堆、少停堆”的运行特点决定的。

6.1.3.5 瞬发临界概念

反应堆仅靠瞬发中子就能保持临界，这种情况称为瞬发临界。在前面(6-1-12)式中，如果不考虑缓发中子源项(且略去外中子源)，则

$$\frac{dn(t)}{dt}=\frac{k_{eff}(1-\beta)-1}{l}n(t) \tag{6-1-33}$$

现在反应堆临界的情况下，

$$\frac{dn(t)}{dt}=0$$

所以

$$k_{eff}(1-\beta)-1=0 \tag{6-1-34}$$

$$k_{eff}-\beta k_{eff}-1=0$$

$$\frac{k_{eff}-1}{k_{eff}}-\beta=0$$

$$\rho-\beta=0$$

所以瞬发临界的条件应该为

$$\rho = \beta \tag{6-1-35}$$

当 $0<\rho<\beta$ 时，反应堆要达临界，缓发中子起着重要作用。这种临界称为缓发临界。核电厂正常稳定功率运行时，反应堆所处的临界状态，均属这种缓发临界（一般情况下缓发两字就省略了）。

当 $\rho>\beta$ 时，反应堆瞬发超临界。此时，即使完全不考虑缓发中子，k_{eff} 也会大于 1。这也就是说，反应堆仅靠瞬发中子就能使链式反应持续进行下去，这种情况下反应堆周期极短，堆功率骤增，反应堆无法控制，就出现事故了。在反应堆发展史上，由瞬发超临界造成血的教训多有记载，特别早期在研究型的零功率堆或临界装置上。我们一定要严防发生瞬发超临界事故。这里顺便指出，当反应堆引入很大负反应性时（如落棒停堆），堆内中子通量密度（瞬发部分）迅速下降，但不会立即降至 0，因为此时反应堆（稳定）周期接近于 $1/\lambda_1$（λ_1 为第一组缓发中子先驱核的衰变常数）约为 80 s。在短时间内瞬变项衰减后，按此周期指数下降。这在记录仪明显显示最后衰减缓慢。

6.1.4　启动率

反应性与反应堆周期之间的关系可以用数学方法表示出来。对反应堆分析来说，反应堆周期在方程式中是有用的；但对于反应堆运行来说，更有意义的是启动率。现在世界上很多压水堆核电厂采用了启动率这个术语。

启动率用 SUR 来表示，以每分钟 10 进制位数（DPM）为单位。超临界反应堆内功率随时间的变化可以表示为

$$P = P_0 10^{\mathrm{SUR} \cdot t'} \tag{6-1-36}$$

式中，P 为时间 t'(min)时的功率；P_0 为 $t'=0$ 时的初始功率；SUR 为启动率。

假如启动率 SUR＝1 DPM，$t'=1$ min，则反应堆功率 $P=10\ P_0$，即功率增长到原来功率 10 倍的水平。

根据前面讨论反应堆周期时得知，堆内功率增长满足单一指数规律，即

$$P = P_0 e^{t/T} \tag{6-1-37}$$

式中，T 为反应堆周期，以 s 为单位。比较(6-1-36)式与(6-1-37)式可得

$$10^{\mathrm{SUR} \cdot t'} = e^{t/T} \tag{6-1-38}$$

$$10^{\mathrm{SUR} \cdot t/60} = e^{t/T}$$

等式两端取对数

$$\mathrm{SUR} \cdot \frac{t}{60} = \frac{t}{T} \lg e$$

$$\mathrm{SUR} = \frac{60 \cdot \lg e}{T}$$

$$\mathrm{SUR} = \frac{26}{T} \tag{6-1-39}$$

所以，启动率是与反应堆周期成反比的参量。

从(6-1-39)式可见，当反应堆周期为 26 s 时，启动率为 1 DPM，1 min 后即有 $P=10\ P_0$。如果代入(6-1-37)式，则有 $P=P_0 e^{60/26}$，也有 $P=10\ P_0$，二者结果相同。

我们再通过几例进一步说明采用启动率是方便的。

例 1 当 SUR=2 时，1 min 后堆功率是多少？

解

$$P = P_0 \cdot 10^{\mathrm{SUR} \cdot t'} = P_0 \cdot 10^2 = 100\ P_0$$

即，堆功率增长到原功率 P_0 的 100 倍。又根据 SUR=26/T 可知，此时反应堆周期为 13 s，按 $P=P_0 e^{60/13}=100\ P_0$ 也得同样结果。

例 2 当 SUR=3 时，1 min 后，堆功率是多少？

解

$$P = P_0 \cdot 10^{\mathrm{SUR} \cdot t'} = P_0 \cdot 10^3 = 1\ 000\ P_0$$

即堆功率增长到 P_0 的 1 000 倍。此时周期 T=26/3=8.67 s。按 $P=P_0 e^{60/8.67}=1\ 000\ P_0$ 也得到同样的结果。

现在，不少压水堆核电厂主控制室直接设有启动率表。同时，主控制室的运行曲线册中都附有反应性与启动率的关系曲线，见图 6-1-5。

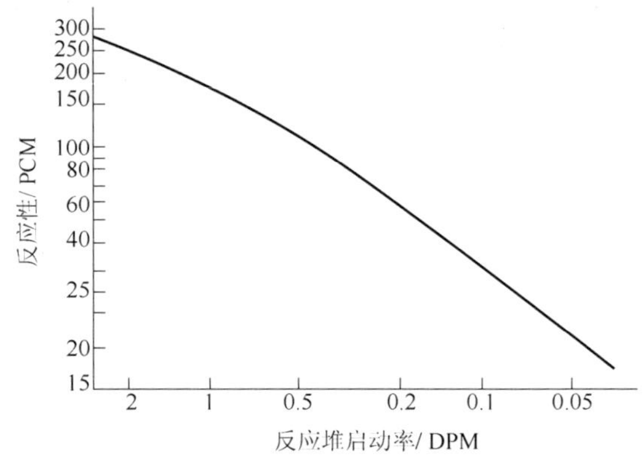

图 6-1-5 反应性与启动率的关系曲线

核电厂的正常运行规程有规定，在超临界升功率过程中，启动率应该小于 1 DPM。在源量程功率表上也相配有一启动率表，它实际是与次临界周期相对应的，真正的启动率指示在中间量程功率表相配的启动率表上。

6.2 反应性系数

当核电厂处在正常运行工况下，由于某种原因核电厂的运行参数，如功率、压力、温度及堆芯内空泡等发生变化时，堆芯的反应性也发生相应的变化。很难做到改变堆芯任一运行参数而不影响堆芯其他的性质。如果堆芯产生了变化，必须进行某种补偿，才能维持反应堆在相同的功率下稳定运行。这种补偿，通常可以通过控制棒的动作来实现，也可以通过改变堆芯内硼的浓度来实现。反应堆系统存在着随堆芯其他某一特性的变化而变化的特性。此特性通常就是用反应性系数来描写的。

反应性系数定义为反应堆的反应性对某给定参数的变化率。对反应堆具有重要意义的一些反应性系数有燃料温度(Doppler)系数、慢化剂温度系数、空泡系数及压力系数等。但对反应堆安全运行更具有实际意义的是反应性功率系数。对此将逐一予以讨论。

6.2.1 温度系数

压水堆核电厂在启动、停堆或功率运行过程中，反应堆内核燃料、冷却剂(即慢化剂)的温度会发生变化，而由于温度变化引起了反应堆的反应性变化，这种现象称为反应堆的温度效应。表示温度效应大小的物理参数，称为反应性温度系数，即温度变化 1℃所引起的反应性变化量。通常用 α_T 表示反应性温度系数。

$$\alpha_T = \frac{d\rho}{dT} \tag{6-2-1}$$

其中,T 表示温度。根据反应性的定义[(6-1-1)式]

$$\begin{aligned}\alpha_T &= \frac{d}{dT}\left(\frac{k_{eff}-1}{k_{eff}}\right) \\ &= \frac{1}{k_{eff}^2}\frac{dk_{eff}}{dT} \end{aligned} \tag{6-2-2}$$

因为在大多数实际情况下,k_{eff} 比较接近于1,所以近似有

$$\alpha_T = \frac{1}{k_{eff}}\frac{dk_{eff}}{dT} \tag{6-2-3}$$

压水堆核电厂之所以安全,从物理上讲是由于反应堆设计具有负的温度系数,所以,这类反应堆具有一定的内在的自稳性。具体说,当由于某种原因使堆芯温度升高时,k_{eff} 减小,反应堆功率也随之下降,而功率的下降将导致反应堆的温度下降。同理,当堆芯温度降低时,k_{eff} 增长,堆功率也随之增长,这样将使反应堆的温度逐渐回升。这种温度效应是一种负反馈效应,对于核反应堆的安全运行具有非常重要的意义。

如果反应堆具有正温度系数,则情况刚好与上述相反。温度升高时,k_{eff} 增大,反应堆功率随之增大,又引起温度再升高,k_{eff} 再增大……若不采取干预措施,反应堆功率将不断地增长,以致堆芯损坏。这种温度效应是一种正反馈效应。这样的反应堆具有内在的不稳定性。从安全角度上考虑,不希望出现正温度系数。

反应性温度系数通常分为燃料温度系数和慢化剂温度系数。

6.2.1.1 燃料温度(Doppler)系数

燃料温度系数是由于燃料温度变化1℃,而引起燃料中 ^{238}U 共振截面变化,而导致反应性变化的量。

反应堆的热量主要是在燃料中产生。当功率升高时,燃料温度立即升高,燃料的温度效应也就立即表现出来,或者说效应是瞬发的。所以,燃料温度系数属于瞬发温度系数。瞬发温度系数对功率的变化响应很快,它对抑制反应堆的功率增长和安全运行起着非常重要的作用。

图 6-2-1 是 ^{238}U 核吸收截面随中子动能变化的曲线,这条曲线假定了 ^{238}U 核处于静止状态,动能是指中子的动能。实际上 ^{238}U 核不是静止的,它是束缚在一个晶格里,原子核是在振动的。这种振动表示原子核本身有一定的速度。现在是在振动的核上来测量中子的相对动能。首先考虑 ^{238}U 核最低中子能量(6.7 eV)处的共振峰,若 ^{238}U 核不振动,则具有 6.7 eV动能的中子会以很大的概率被吸收。随着燃料温度的升高 ^{238}U 原子核振动加剧,具有 6.7 eV 动能进入燃料中的中子击中 ^{238}U 核的可能性减少了;但是 6.7 eV 左右的中子与核进行反应的可能性增加了,亦即,6.7 eV 处的共振峰下降了,共振峰附近能量的中子吸收截面增加了。图 6-2-2 表示了共振峰的下降和展宽。这种效应称为 Doppler 展宽。所有的共振峰都会发生展宽,展宽的结果是形成了较为平滑的截面曲线,图 6-2-3 给出了中子截面随温度增加产生的变化。

燃料温度系数主要是由燃料核共振吸收的多普勒效应引起的,燃料温度升高时由于多普勒效应,将使共振峰展宽。在共振吸收中的"能量自屏现象"和非均匀效应中的"空间自屏"效应都将减弱,从而使有效共振积分增加。因而,温度升高多普勒效应的结果使有效共

振吸收增加，逃脱共振俘获概率减小，有效增殖因子 k_{eff} 下降，这就产生了负温度效应。这样，燃料温度系数 α_T^{F} 可以表示成

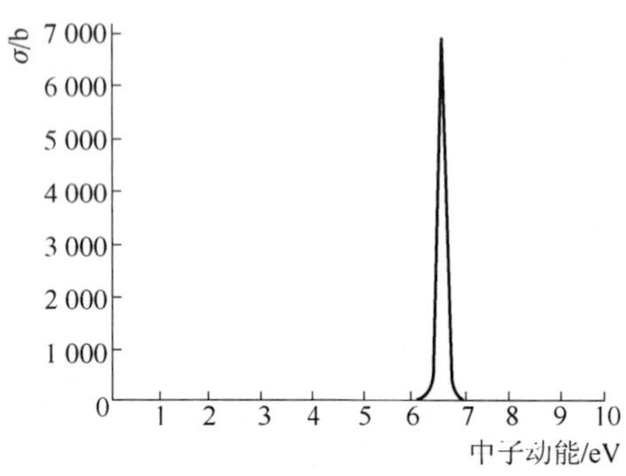

图 6-2-1 最低中子能量的^{238}U 核的共振峰

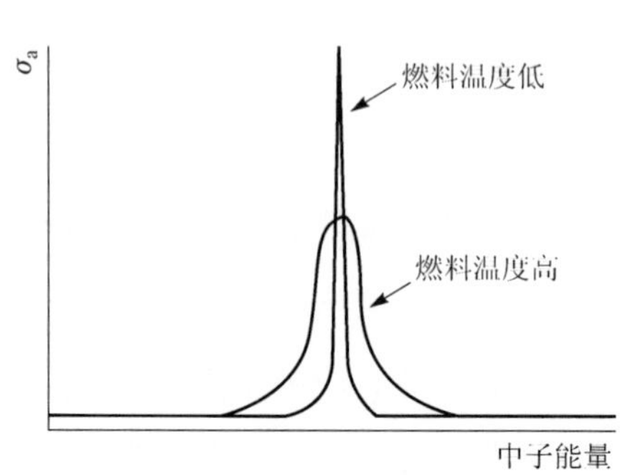

图 6-2-2 Doppler 展宽

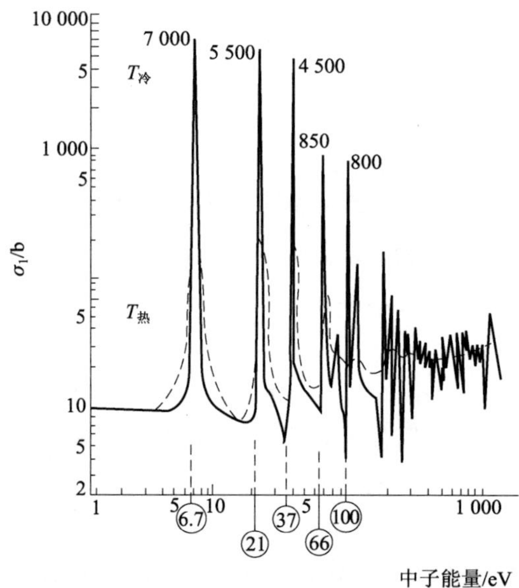

图 6-2-3 冷却和热态下的^{238}U 共振区

$$\alpha_T^{\text{F}} = \frac{1}{k_{\text{eff}}}\frac{\partial k}{\partial T_{\text{F}}} = \frac{1}{p}\frac{\partial p}{\partial T_{\text{F}}} \tag{6-2-4}$$

式中：T_{F}——燃料温度；

p——逃脱共振俘获概率。

根据理论分析，非均匀反应堆中逃脱共振俘获概率 p 近似为

$$p \approx \exp\left[-\frac{N_{\text{A}}}{\xi\Sigma_{\text{s}}}I\right] \tag{6-2-5}$$

式中：I——有效共振积分；

N_A——单位栅元体积内共振吸收剂的核子数。

当反应堆的功率发生变化时，燃料温度立即发生变化，而慢化剂温度还来不及发生变化。这时，在式(6-2-5)中只有 I 随燃料温度而变化。把(6-2-5)式代入(6-2-4)式便得到

$$\alpha_T^F = -\frac{N_A}{\xi\Sigma_s}\frac{dI}{dT_F} \tag{6-2-6}$$

当燃料温度升高时，有效共振积分增加，即 $dI/dT_F > 0$。所以在以低富集铀为燃料的反应堆中，燃料温度系数总是负的。图 6-2-4 给出了某压水堆燃料温度系数与燃料温度的关系。

这里应该说明一点：由于反应堆内燃料有效温度及燃料温度的变化都是不能测量的，因此，在考虑反应堆的瞬变时，实际上使用的 Doppler 系数多是功率的函数，也即将它定义为由反应堆功率变化所导致的堆芯反应性的变化，采用功率每变化百分之一时的反应性变化来度量(即 $\Delta\rho/\Delta\%$功率)。图 6-2-5 绘出了 Doppler 功率系数与功率的关系。

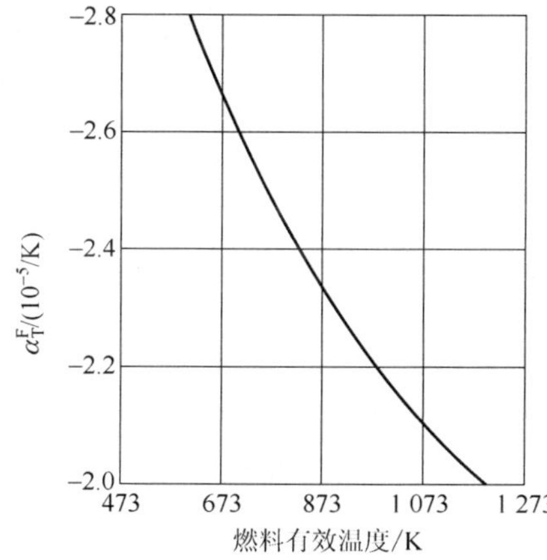

图 6-2-4 燃料温度系数与燃料温度的关系

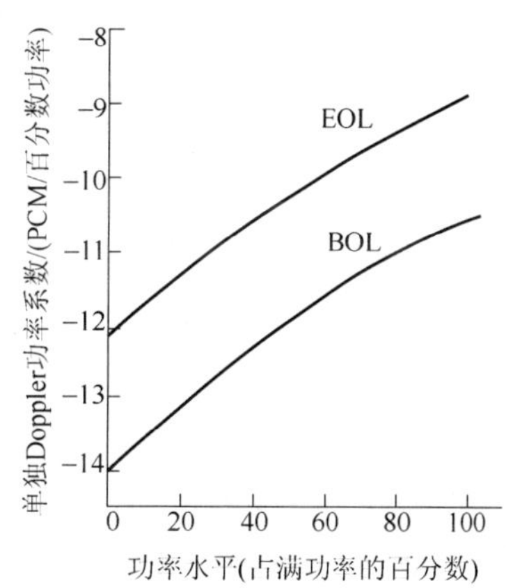

图 6-2-5 Doppler 功率系数与功率

功率上升，燃料有效温度升高，在以稍富集铀为燃料的堆芯里，总是引入了负反应性，因为 Doppler 展宽和自屏效应增加了 ^{238}U 的共振吸收。

图 6-2-5 中，所给出的两条曲线是堆芯寿期初(BOL)与寿期末(EOL)情况下的 Doppler 系数。现在提出的问题是：为什么在相同功率下，BOL 时的值比 EOL 时的值更负？

在整个堆芯寿期内，从 BOL 到 EOL，有三个重要因素影响着 Doppler 系数：

(1) 燃料和包壳之间空隙中气体的热导率

燃料棒制造过程的最后是抽真空，并在其内充以一定压力的氦气，然后加以焊封。所以，对新燃料元件，其间都具有一确定的热导率。但是，随着燃耗的不断加深，裂变气体如氙(Xe)、氪(Kr)不断在包壳内聚集且与氦气混在一起，从而降低了空隙的热导率。仅这一效应会使相当于任一功率水平的燃料温度升高；Doppler 系数随燃耗的加深(堆芯寿期从 BOL 向 EOL 过渡)，将会愈来愈负。

(2) 钚的产生和积累

反应堆运行过程中，燃料元件里存在着如下的核反应：

$$^{238}U + n \rightarrow {}^{239}U \xrightarrow[T_{1/2}=23\ min]{\beta^-} {}^{239}Np \xrightarrow[T_{1/2}=56\ h]{\beta^-} {}^{239}Pu$$

$$^{239}Pu + n \rightarrow {}^{240}Pu$$

……

其中，^{240}Pu 在中子能量为 1 eV 处，具有截面约为 1×10^{-19} cm^2 的强烈吸收中子的共振峰。由于 ^{240}Pu 堆芯中在聚集，随着燃耗的加深，堆芯寿期从 BOL 向 EOL 过渡，Doppler 系数也将会越来越负。

(3) 燃料-包壳空隙减小

这是非常重要的一个因素。燃料芯块与包壳之间的空隙的减小，是由于燃料经受中子辐照引起肿胀和包壳蠕变造成的结果。这样就较大地提高了燃料的热导率。这样会使 EOL 时的燃料有效温度降低。在 BOL 时，功率变化从 0%～100%时，燃料温升约为 555℃(约 5.5℃/%功率)。而在 EOL 时，燃料温升则约为 444℃(约 4.4℃/%功率)。从这个因素所得结果，在堆芯寿期从 BOL 过渡到 EOL 中，Doppler 系数随燃耗的加深，将变得没有以前那么负了。

很明显，前两个因素与第三个因素是矛盾的，影响后果是相反的。综合以上所述的三个因素，(第三因素是起主导作用的)，最终结论为：作为功率函数的 Doppler 系数，在 BOL 时的比在 EOL 时的有较大的负值。

6.2.1.2 慢化剂温度系数

定义慢化剂温度系数 α_T 为堆芯慢化剂平均温度每变化 1℃所引起的反应性变化，即

$$\alpha_T = \frac{\Delta\rho}{\Delta T_m}(\text{PCM/℃}) \tag{6-2-7}$$

由于裂变能是在燃料元件棒内转化为热能，热量是从燃料元件棒内通过包壳传递到慢化剂，这是需要一定时间的，因而慢化剂的温度变化要比燃料的温度变化滞后一段时间，所以慢化剂温度系数滞后于反应堆功率的变化。

慢化剂平均温度升高，使慢化剂密度减小，宏观截面 Σ_s 和 Σ_a 也都减小了，从而使慢化剂的慢化和吸收特性都发生了变化。这两个物性的相对变化决定了慢化剂温度系数 α_T 不是正的就是负的。慢化剂温度系数 α_T 的正负，取决于给定含硼水中中子的吸收与慢化的比较。

压水堆核电厂运行的重要文件(技术规格书，Technical Specifications)中，对慢化剂温度系数的限值都有明确的规定。例如，秦山核电厂规定 α_T 必须遵从：

(1) 当所有控制棒提出堆外，在燃料循环寿期初(BOL)，热态零功率下不得为正值；

(2) 当所有控制棒提出堆外，在燃料循环寿期末(EOL)，额定热功率下，不得比 $-5.7\times10^{-4}\Delta k/k/℃$(即，$-57$ PCM/℃)更负。

当功率升高时，慢化剂温度变化较慢，它引起的反应性变化较慢，这取决于燃料元件到慢化剂和蒸汽发生器一次侧(管侧)向二次侧(壳侧)的传热速率。

1. 慢化剂温度对 k_{eff} 的影响

压水堆反应中慢化剂水将裂变快中子慢化为热中子，(水也吸收热中子)，慢化剂温度对反应性的影响主要是慢化剂水和燃料铀的体积比(V_{H_2O}/V_{UO_2})的函数。现在来讨论受慢化剂温度变化影响的六因子公式与 V_{H_2O}/V_{UO_2} 的关系。在压水堆中，装载的燃料是非均匀的，反应堆中的燃料装载在任何温度下是不变的，但慢化剂的密度随慢化剂温度增加而下降，这意味着部分水分子被移出堆芯，因此慢化剂温度增加会引起 V_{H_2O}/V_{UO_2} 的减小。

(1) 慢化剂温度对快裂变因子的影响

因为^{238}U快裂变使中子的总数增加，所以快裂变因子ε总是大于1。在水密度减小时，因为中子的慢化受到影响，中子在发生快裂变的高能区会停留较长的时间，所以快裂变因子随慢化剂密度减小而增加。因此慢化剂温度增加ε也增大。但是，与逃脱共振吸收概率和热中子利用因数相比，快裂变因子受慢化剂温度变化的影响是很小的。图6-2-6给出了ε与V_{H_2O}/V_{UO_2}的关系。

(2) 慢化剂温度对中子不泄漏概率的影响

水密度对慢化效果影响最大。水中H起主要慢化作用。水温增加，氢密度减小，水的慢化效果减弱。这意味着慢化过程中快中子不泄漏概率P_f的和扩散过程中热中子的不泄漏概率P_{th}随慢化剂温度增加而减小，这对慢化剂温度系数有负的影响。在压水堆里对k_{eff}的这种影响是相当小的，因为从大的堆芯泄漏出去的中子是不多的，图6-2-7给出了P_f、P_{th}与V_{H_2O}/V_{UO_2}的关系。

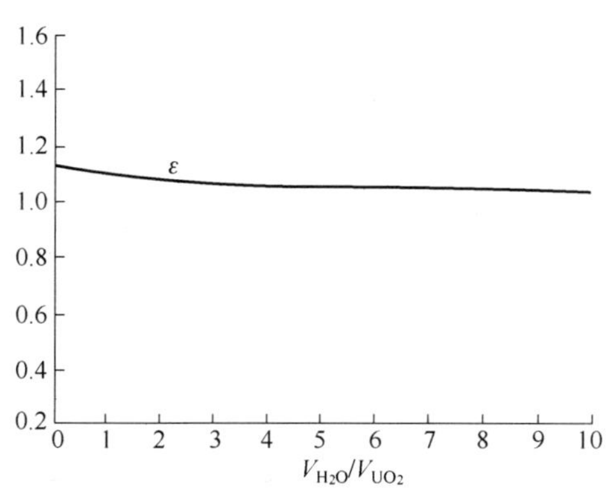

图6-2-6　快裂变因子与V_{H_2O}/V_{UO_2}的关系

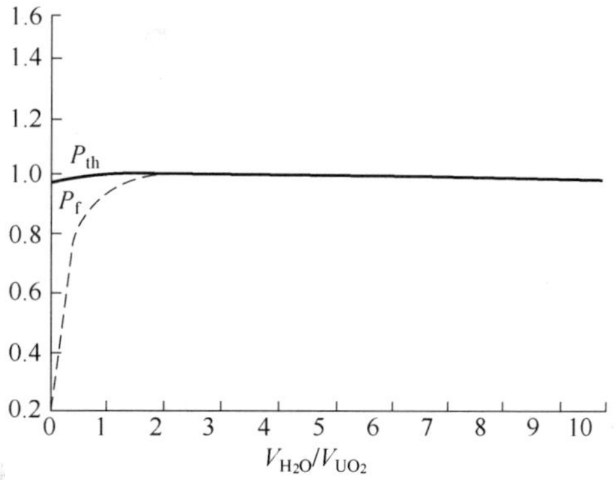

图6-2-7　不泄漏概率与V_{H_2O}/V_{UO_2}的关系

(3) 慢化剂温度对热中子利用因子的影响

假定一座只有燃料和水的简化的反应堆，V_{H_2O}/V_{UO_2}变化对热中子利用因子f的影响是

$$f = \frac{\Sigma_a(U)}{\Sigma_a(U) + \Sigma_a(H_2O)} = \frac{N(U)\sigma_a(U)}{N(U)\sigma_a(U) + N(H_2O)\sigma_a(H_2O)} \tag{6-2-8}$$

所以

$$f = \frac{\sigma_a(U)}{\sigma_a(U) + \dfrac{N(H_2O)}{N(U)}\sigma_a(H_2O)} \tag{6-2-9}$$

由上式可见，V_{H_2O}/V_{UO_2}减小，f值增大。若没有慢化剂水，f值就等于1。图6-2-8表示了f与V_{H_2O}/V_{UO_2}的关系。

随着慢化剂温度上升，V_{H_2O}/V_{UO_2}下降，f增大，因此慢化剂温度对f的影响是正的反应性效应。

(4) 慢化剂温度对逃脱共振吸收概率的影响

水的慢化效果直接影响逃脱共振吸收率概率p。随着水慢化能力的减小，中子在两次碰撞间平均穿过的距离变大，因此它们能在超热区穿过更多的燃料核，被^{238}U或^{240}Pu吸收的概率增大。随着慢化剂密度减小，V_{H_2O}/V_{UO_2} 减小，逃脱共振吸收概率减小，若堆芯内没有慢化剂，逃脱共振吸收概率接近零。图 6-2-9 表示了 p 随 V_{H_2O}/V_{UO_2} 的变化。

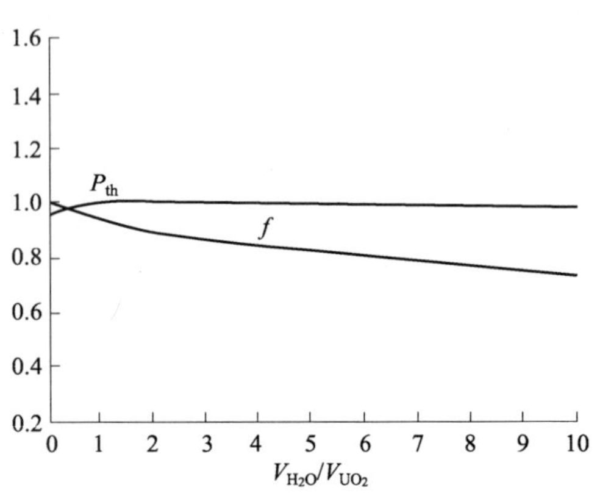

图 6-2-8 热中子利用因子与 V_{H_2O}/V_{UO_2} 的关系

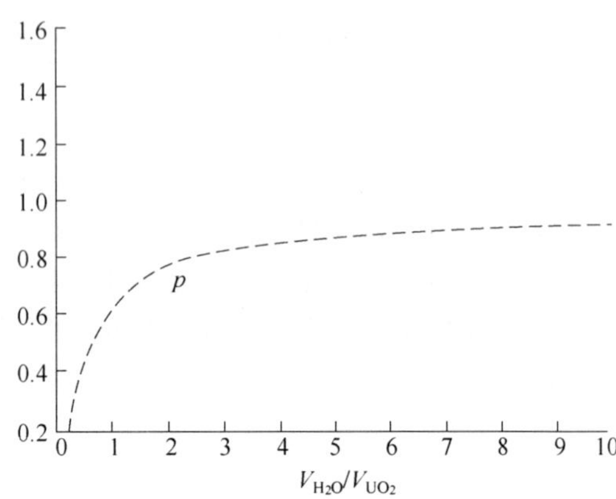

图 6-2-9 逃脱共振吸收概率与 V_{H_2O}/V_{UO_2} 的关系

(5) k_{eff} 与 V_{H_2O}/V_{UO_2}

图 6-2-10 将受慢化剂密度变化影响的六因子公式以曲线的形式表示出来。在一座大型压水堆里，主要的影响因子是逃脱共振吸收概率 p 和热中子利用因子 f，对大多数压水堆，V_{H_2O}/V_{UO_2} 的最佳点约为 4.0，此时 k_{eff} 最大。

慢化剂温度系数 α_T 根据定义可以表示为

$$\alpha_T \approx \frac{1}{f}\frac{\mathrm{d}f}{\mathrm{d}T} + \frac{1}{p}\frac{\mathrm{d}p}{\mathrm{d}T} - B^2\left(\frac{\mathrm{d}L_f^2}{\mathrm{d}T} + \frac{\mathrm{d}L_{th}^2}{\mathrm{d}T}\right) \tag{6-2-10}$$

最后一项代表中子从堆芯泄漏变化的影响。虽然泄漏随温度增加而增加，但对大型压水堆堆芯来说，这个效应是很小的，因此 α_T 可以简化为

$$\alpha_T \approx \frac{1}{f}\frac{\mathrm{d}f}{\mathrm{d}T} + \frac{1}{p}\frac{\mathrm{d}p}{\mathrm{d}T} \tag{6-2-11}$$

已知随着慢化剂温度增加，V_{H_2O}/V_{UO_2} 减小，f 值增加而 p 值减小，这意味着 f 对慢化剂温度的变化率是正的，p 对慢化剂温度的变化率是负的。如果逃脱共振吸收概率的变化快于热中子利用因子的变化，则 α_T 为负，相反，若热中子利用因子的变化是主要的，则 α_T 为正。

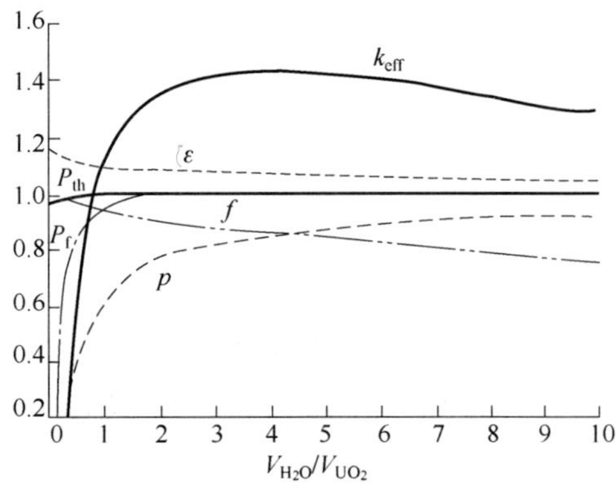

图 6-2-10 六因子随 V_{H_2O}/V_{UO_2} 的变化

说明：

1. 图中所给数值只是为了进行图解说明，并不表示任何具体电厂的数据；
2. 假设 η 为常数；
3. 对于低富集度燃料的大型水堆，在考虑燃料自屏和不考虑毒物及可溶硼的情况下，图中曲线形状是典型的。

慢化剂温度系数是正还是负，取决于慢化剂对中子的吸收与慢化。k_{eff} 与 V_{H_2O}/V_{UO_2} 的关系可以分成两区：过慢化区和欠慢化区，分界点为最佳点。

最佳点的右边是过慢化区，慢化剂的热吸收是主要的。在这个区里随着温度升高，由于

慢化剂热吸收减少引入的正反应性多于共振吸收增加引入的负反应性。由于慢化剂温度增加，k_{eff}增加，因此 α_T是正的。即温度为 T_1时，有效增殖因子为 k_{eff1}，当温度升至 T_2时，有效增殖因子为 k_{eff2}，$T_2>T_1$，此时 $k_{eff2}>k_{eff1}$，

$$\alpha_T=\frac{k_{eff2}-k_{eff1}}{T_2-T_1}=\frac{\Delta k_{eff}}{\Delta T}>0$$

如图 6-2-11 所示。

最佳点的左边是欠慢化区，慢化剂的慢化效应比慢化剂的吸收效应更重要，慢化效应占主导。随着慢化剂温度增加，逃脱共振吸收概率的减小大于热中子利用因子的增加，因此在欠慢化区 α_T是负的。即温度为 T_1时，有效增殖因子为 k_{eff}，当温度升至 T_2时，有效增殖因子为 k_{eff2}，$T_2>T_1$，此时 $k_{eff2}<k_{eff1}$，

$$\alpha_T=\frac{k_{eff2}-k_{eff1}}{T_2-T_1}=\frac{\Delta k_{eff}}{\Delta T}<0$$

如图 6-2-12 所示。

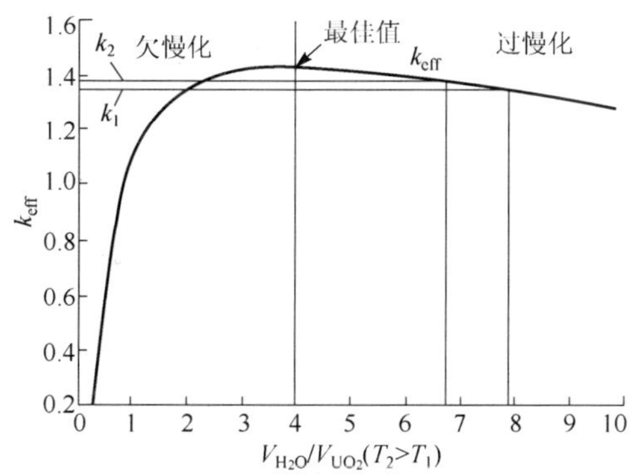

图 6-2-11　k_{eff}与 V_{H_2O}/V_{UO_2} 的关系(A)

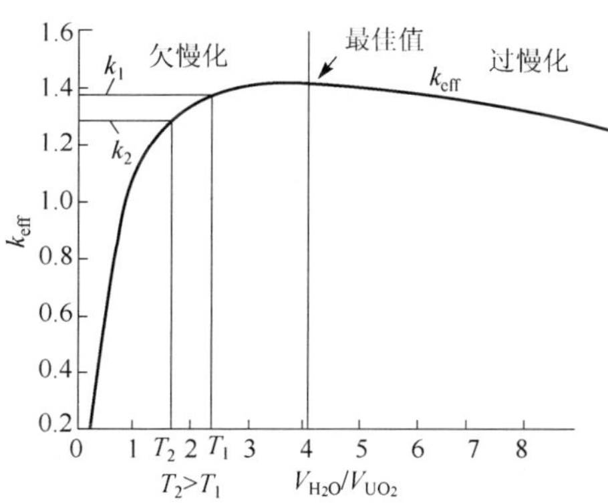

图 6-2-12　k_{eff}与 V_{H_2O}/V_{UO_2} 的关系(B)

安全性要求压水堆运行在欠慢化区，V_{H_2O}/V_{UO_2} 由设计决定，约为 2.41，这个点正好在 k_{eff}与 V_{H_2O}/V_{UO_2} 的关系曲线欠慢化区，且较靠近最佳值，随着温度的增加，慢化剂温度系数变得更负，因此随着温度增加，不仅添加了负的反应性，而且负反应性的添加率也在增加。

这也从物理上简单解释了为什么现在压水堆核电厂堆芯结构设计成稠密栅格。尽管它是热中子反应堆，可还运行在欠慢化区，堆内中子谱较硬(即超热中子占一定比例)。这样设计可确保反应堆温度系数 α_T为负，反应堆具有自稳的固有安全性。

2. 硼浓度对 α_T的影响

压水堆核电厂的堆芯慢化剂(冷却剂)里含硼是其一大特点。压水堆运行过程中反应性主要是靠调节溶解在冷却剂水中的硼酸浓度进行控制的，控制棒起辅助作用。

硼浓度对热中子利用因子影响很大。

$$f=\frac{\Sigma_a^U}{\Sigma_a^U+\Sigma_a^M+\Sigma_a^B}\tag{6-2-12}$$

慢化剂内硼酸浓度 c_B增加，f 减小；但 c_B的变化对水的慢化能力没有多大影响，因此 p 受硼浓度变化的影响也不明显。

因为硼酸溶解在慢化剂内，慢化剂密度的减小使一部分水和硼从堆芯被排挤出来，这就降低了慢化剂的吸收，使 f 增大，这对 α_T 是正效应。

硼浓度还影响 f 对温度的变化率($\frac{df}{dT}$)，对给定的冷却剂密度变化(减小)，硼浓度越高，排挤出的硼越多。所以 df/dT 更大，使 α_T 负得更少。当硼浓度足够高时，df/dT 对 α_T 的影响比对慢化能力的减少影响大，因此 α_T 能够变正的。

可以通过使用可燃毒物棒来控制部分剩余反应性来防止 α_T 为正。可燃毒物棒不受慢化剂温度影响，但允许反应堆运行在 c_B 足够低的状态，以在运行温度下使 α_T 为负。

不同硼浓度下，k_∞ 和 f 与 V_{H_2O}/V_{UO_2} 的关系，如图 6-2-13 所示。

图 6-2-14 列举了几种典型温度下硼浓度与慢化剂温度系数的关系。由于一般情况下慢化剂温度系数是负的，所以硼浓度的增加使慢化剂温度系数朝正的方向变化，负得更少一些。

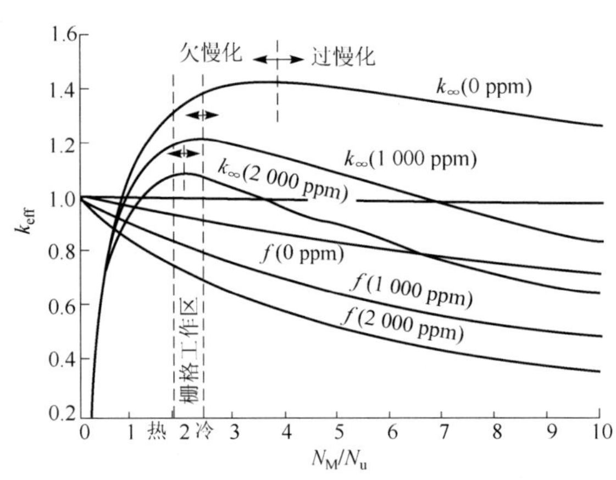

图 6-2-13 k_{eff} 和 f 与 V_{H_2O}/V_{UO_2} 的关系

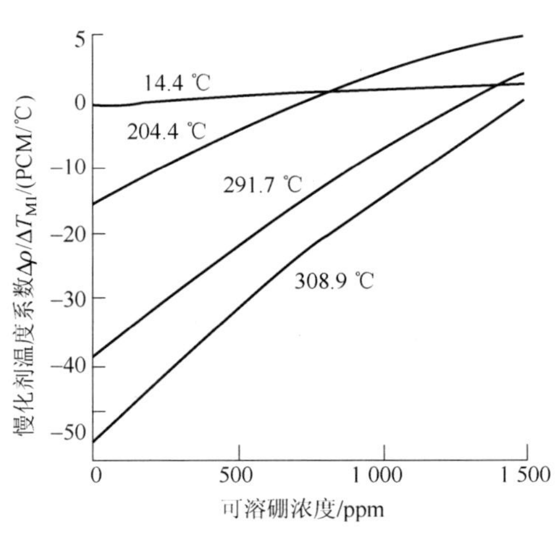

图 6-2-14 α_T 与硼浓度的关系

说明：

1. 图中所列数值，仅为举例说明；
2. 燃料与慢化剂温度相等；
3. 所有控制棒提出堆芯外，无可燃毒物。

3. 慢化剂温度对 α_T 的影响

图 6-2-14 上的 14.4 ℃这条曲线，硼浓度的增加对慢化剂温度系数 α_T 的影响很小(与较高的运行温度相比)，这是因为水的密度，在低温时堆芯内的硼原子数变化不多。图 6-2-15 表示了在较高温度下慢化剂密度变化速度加快，密度变化速率的增加使 α_T 增大。

图 6-2-16 给出了几种硼浓度下慢化剂温度系数 α_T 与慢化剂温度的关系。这曲线对一些必要的计算是很有用的，由图可见，在给定的温度下，向慢化剂中加硼，即硼浓度增加，会使 α_T 负得少一点。当硼浓度大于约 1 400 ppm 的情况下，慢化剂温度系数会出现正值，这是违反技术规格书中对 α_T 的限值的规定的。同时，由图可知低温情况下，也容易出现正的慢化剂温度系数。

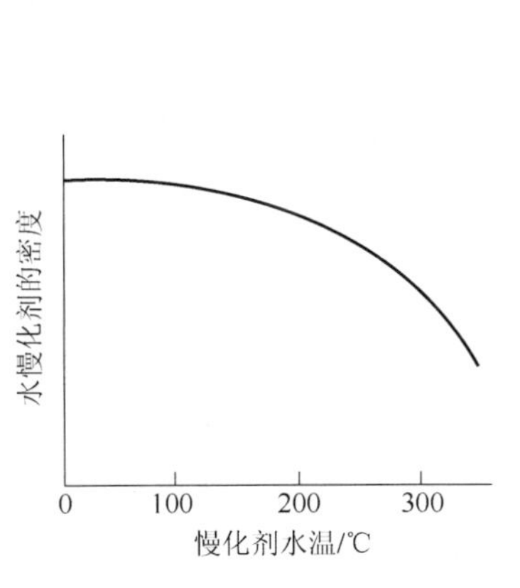

6-2-15　水密度与温度的关系

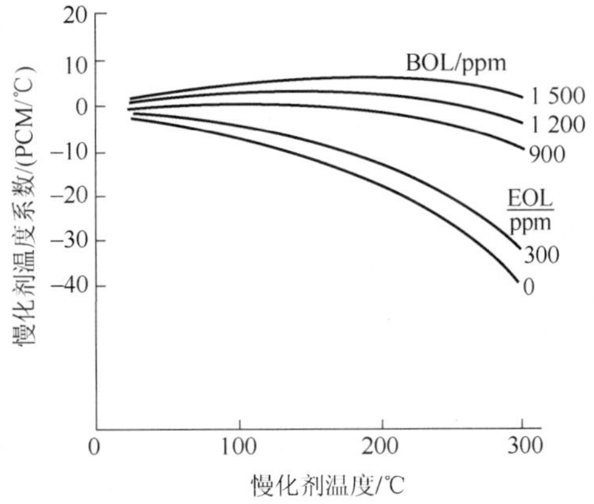

图 6-2-16　α_T与慢化剂温度的关系

4. 控制棒对 α_T的影响

图 6-2-17 给出了所有控制棒都插入时的 α_T与温度和硼浓度的关系。该图表明，当堆内有控制棒插入时，慢化剂温度系数更负。为便于解释，将控制棒看成是中子的泄漏边界。在温度增加时，水的慢化能力降低，所以中子徙动长度增加，在无棒情况下徙动长度的这种增加只会增加中子从堆芯向周围的泄漏。实际上大型压水堆的中子泄漏是相当少的。

图 6-2-18 给出了温度升高、中子徙动长度增加后控制棒影响范围增大的情况。当控制棒插入堆芯时，升高慢化剂温度，能使中子向控制棒的泄漏概率变大、裂变链式反应减少。因此，当控制棒在堆内时，对于给定的慢化剂温度变化，意味着向堆芯引入了更多的负反应性。

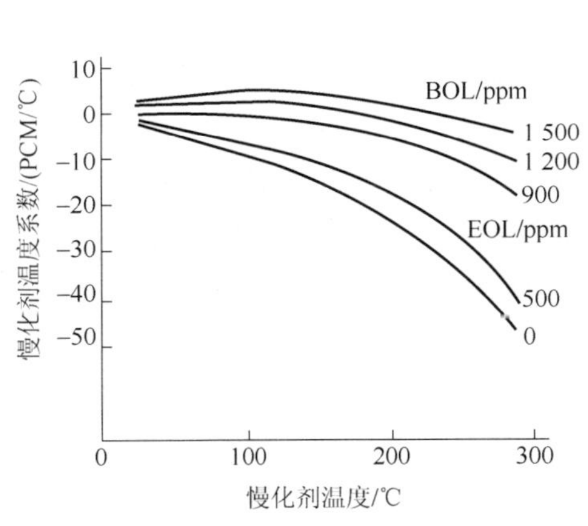

图 6-2-17　控制棒插入情况下的 α_T

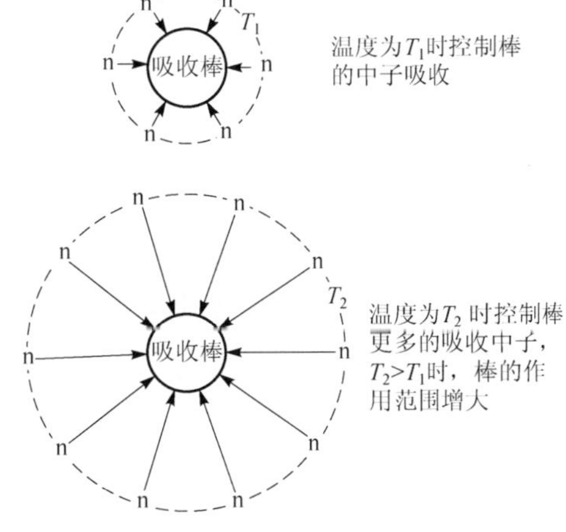

图 6-2-18　束棒中单根吸收棒在不同温度下的中子吸收特性

前面已经给出 α_T 的表示式：

$$\alpha_T \approx \frac{1}{f}\frac{\mathrm{d}f}{\mathrm{d}T} + \frac{1}{p}\frac{\mathrm{d}p}{\mathrm{d}T} - B^2\left(\frac{\mathrm{d}L_{\mathrm{f}}^2}{\mathrm{d}T} + \frac{\mathrm{d}L_{\mathrm{th}}^2}{\mathrm{d}T}\right) \tag{6-2-13}$$

无棒时，因为压水堆曲率(B^2)小，因此慢化长度和扩散长度的增加对 α_T 影响小。将控制棒插入堆芯后将使中子通量密度在堆芯中心降低，而在其四周提高，引起曲率 B^2 增加。温度变化引起的 L_f 和 L_{th} 的变化就显得重要了，这使 α_T 变得更负。在停堆期间，要用棒插入的曲线。

5. 可燃毒物棒对 α_T 的影响

在燃料第一循环的 BOL，如果仅用化学补偿控制所有剩余反应性，由于硼浓度太大会使 α_T 为正。为保证 α_T 为负，要用可燃毒物棒。可燃毒物棒的使用，降低了所需要的可溶硼浓度 c_B，从而使 α_T 为负。

在燃料第一循环以后，裂变产物的浓度足以限制 c_B。不再需要可燃毒物棒来维持 α_T 为负值了，但是还可利用它来展平径向通量密度分布，因而继续影响 α_T。

可燃毒物棒亦是一种热中子泄漏边界，其作用与控制棒类似，它的影响相当小，使 α_T 稍微更负一点。

6. 堆芯寿期与 α_T

在堆芯寿期内，燃耗和裂变产物毒物的积累，使剩余反应性减小，因而在寿期内，控制剩余反应性所需要的硼浓度也随堆芯寿期而减小。这种减小使 α_T 随堆芯寿期变得更负。

在图 6-2-19 中，用曲线表示出了临界硼浓度与堆芯寿期的关系，这条曲线的变化显示了裂变产物(主要是氙和钐)、燃耗和可燃毒物棒燃耗的综合效果。图 6-2-20 中给出了 α_T 与堆芯寿期的关系。

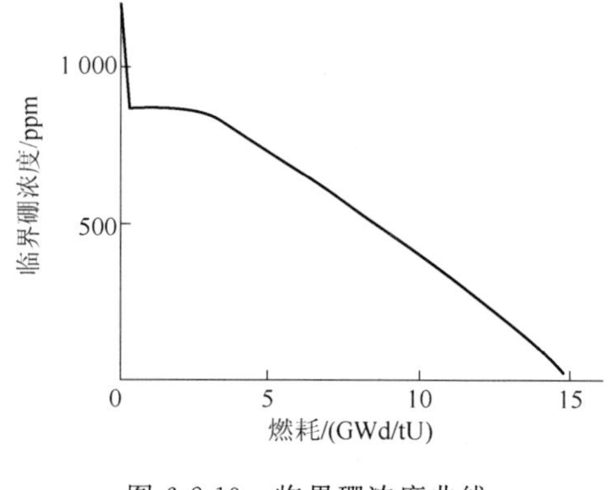

图 6-2-19 临界硼浓度曲线

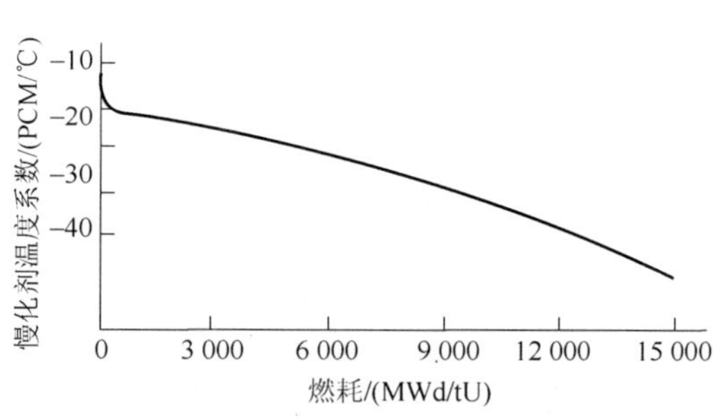

图 6-2-20 α_T 与堆芯寿期的关系

6.2.2 空泡系数

在压水堆中，水的局部沸腾将产生气泡，它的密度远小于水的密度，堆芯中空泡含量约为 0.5%。定义空泡系数为堆芯反应性对某给定部位的空泡体积份额 (x) 的变化率，以 $\Delta\rho/\Delta x$ 表示，用 PCM/%空泡来度量。堆芯中形成空泡所产生的效应跟水温升高产生的效应相同。这种情况水的密度下降，使单位体积水的原子数减少，从而使堆芯的慢化能力降低。如果慢化剂中含有硼，则水的密度降低，也会使硼密度降低。一般来说，空泡的形成对反应性的影响可以是正的，也可以是负的，这既取决于硼浓度，也取决于堆芯水铀比偏离最佳点的远近。

6.2.3 压力系数

压力系数是由一回路中压力变化引起的反应性变化，即 $\Delta\rho/\Delta p$，压力单位为 Pa（或 MPa）。影响它的机理与改变慢化剂温度系数和空泡系数的机理相同。当压力增加时，引起了慢化剂和冷却剂水的密度变化。如果冷却剂内硼浓度非常低或无硼，当一回路的压力增加时，压力系数对反应性有稍微正的影响。当硼浓度较高时，一回路压力增加，压力系数对反应性有稍微负的影响。

实践证明，压水堆一回路压力变化约 6.9×10^5 Pa，所引起的反应性效应与慢化剂温度变化 0.55 ℃所引起的反应性效应是相同的。因为工作压力的正常变化并不怎么影响慢化剂的密度，所以反应性压力系数可以忽略。

6.2.4 功率系数与功率亏损

功率系数综合了燃料温度（Doppler）系数、慢化剂温度系数和空泡系数。它表示为功率每变化百分之一时反应性的变化，即 $\Delta\rho/\Delta\%$功率。它在整个堆芯寿期内总是负的，特别是在寿期末（EOL）更负，这主要是由慢化剂温度系数引起的。图 6-2-21 给出了堆芯寿期初（BOL）和寿期末（EOL）的功率系数值。

从核电厂运行的角度上，更有意义的是功率系数的积分值，即功率亏损（power defect）。需要说明的是“亏损”两字并非指功率的亏损，而是指当反应堆功率升高时，向堆芯引入了负的反应性，指反应性“亏损”了。这如同在静态反应堆物理中，反射层节省的“节省”一词的含义类同。所以，如果反应堆从某一功率水平，升高至另一功率水平时，一定得向堆芯引入一定量的正反应性来补偿由功率亏损引入的等量负反应性，才能维持反应堆在新功率水平下，进行稳定功率运行（临界）。这是非常重要的一点。

至于引入正反应性的方式，可以是提升控制棒，也可以是稀释硼。明确了这一概念后，就很容易回答如下问题：如果反应堆稳定功率运行在 20%功率时，临界棒位为 h_1；50%功率时，临界棒位为 h_2；而 100%功率时，则为 h_3。（假定堆内硼浓度不变，都是毒性平衡状态），试比较 h_1，h_2，h_3 的大小。读者很容易得出正确答案，即 $h_3>h_2>h_1$。

我们再回到第五章小水桶的例子，前面说过，进水阀门开度一旦确定，进水流量就确定了。在前面讨论时，已经看到机械阀门开度不受其他因素影响，如果以阀门开度表示控制棒位，就会每次到达临界时控制棒位也应该不变（不管功率大小），动力反应堆情况就不同了。例如，堆功率为 600 MW，其功率量程指示 1%，就是 6 MW。最初中国原子能科学院重水试验堆满功率才 7 MW，差别太大。由于动力反应堆必须要考虑功率亏损，所以上面讨论中已给出了高功率情况下临界棒位高于低功率下棒位。现在如果还用机械的阀门开度来描写就不确切了，这点应该特别注意。尽管如此，利用小水桶例子来讨论反应堆临界还是很有意义的。

还必须强调的是，如果反应堆原先是处于功率运行状态（例如 80%功率），突然由于某种原因停堆了，一定要清醒地意识到，此时功率亏损向堆内引入正反应性，此时“亏损”实为“盈余”了。这在停堆后再启动反应堆前，进行反应性平衡计算（ECC）时，必须考虑，且是很重要的一项。图 6-2-22 中给出了 BOL 时和 EOL 时的功率亏损。

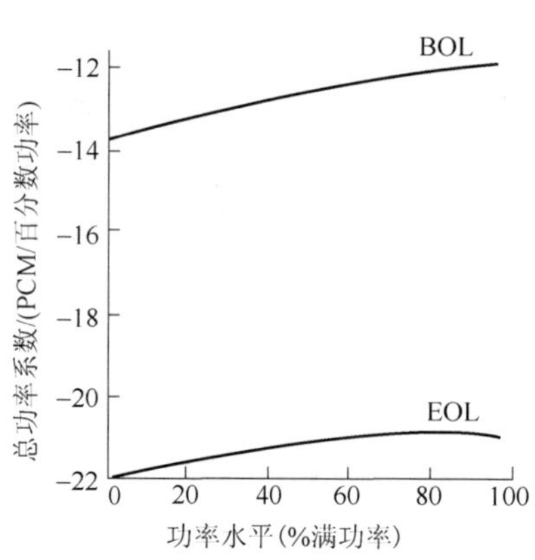

图 6-2-21 BOL 和 EOL 时的总功率系数

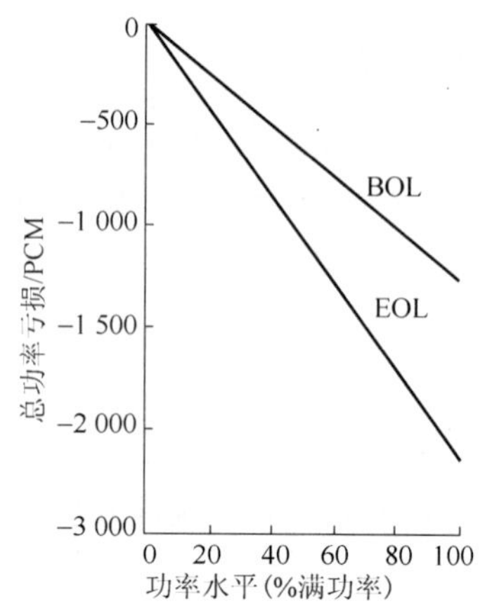

6-2-22 BOL 时和 EOL 时的总功率亏损

6.3 反应性控制

反应性控制的主要任务是采取有效的控制方式确保反应堆的安全运行。具体地讲，就是要控制堆的剩余反应性以满足反应堆长期运行的要求；保持在整个堆芯寿期内功率分布比较平坦；能满足跟踪二回路负荷变化的要求；并在事故时能紧急停闭反应堆。

压水堆运行中反应性主要通过控制溶解在冷却剂中的硼浓度进行化学补偿控制，控制棒控制起辅助作用。改变化学毒物硼酸浓度以控制长期反应性变化，如燃耗和裂变产物积累引起的反应性变化。控制棒则用于反应堆启动、跟踪负荷变化以及控制微小的反应性瞬变；此外，控制棒还起控制功率分布的作用。

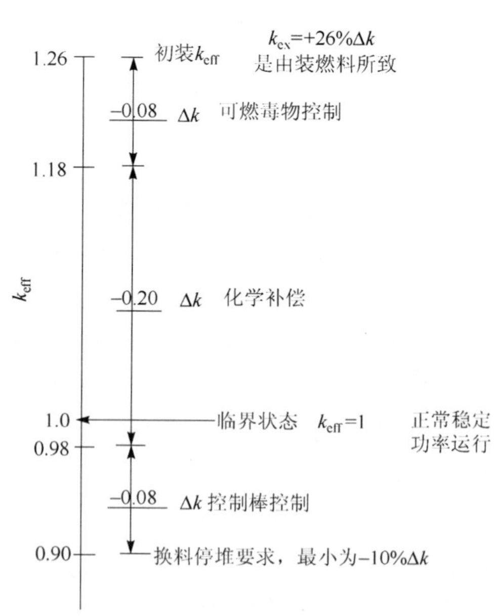

图 6-3-1 k_{eff} 和三种控制方式

由于新堆首次装料都是新燃料元件，开始并不含裂变产物，所以首次装料的剩余反应性很大，解决此特殊问题的好办法是在堆芯内添加适量的可燃毒物。

一个典型的压水堆，第一循环的有效增殖因子 $k_{eff}=1.26$。图 6-3-1 给出了以上三种反应性控制方式下所控制的反应性量的分配。由图 6-3-1 可见，对为保证足够的停堆深度所必需的反应性及额外的负反应性是采用控制棒（$-8\%\Delta k$），可燃毒物（$-8\%\Delta k$）和化学补偿（$-20\%\Delta k$）三种不同方式的联合形式来控制的。这些将在下面分别予以讨论。

6.3.1　化学补偿控制

6.3.1.1　化学补偿毒物的重要性

目前世界上几乎所有压水堆核电厂都采用了化学补偿控制(简称化控)。现在都认为硼酸(H_3BO_3)是适宜的化学毒物。载硼运行已是压水堆核电厂运行主要特点之一。化控主要用于补偿堆内一些慢变化的反应性,如:

(1) 反应堆从冷态到热态(零功率)时,慢化剂温度效应所引起的反应性变化;

(2) 易裂变同位素燃耗和长寿命裂变产物积累所引起的反应性变化;

(3) 平衡毒性(^{135}Xe,^{149}Sm)所引起的反应性变化。

在上述介绍的三种控制方式对反应性控制的分配中,以化控量最大。如果剩余增殖因子 k_{eff} 为 26%Δk,则化控量为 20%Δk。这是根据控制方式的安全性及经济性决定的。化学毒物溶解在一回路冷却剂内,对整个堆芯的反应性影响比较均匀。化控不但不引起堆芯功率分布的畸变,而且在燃料分区装载的情况下,还能降低功率峰值因子,提高堆的平均功率。化控中的化学毒物(硼)的浓度可以根据运行需要来调节;另外,化控毒物不占堆芯栅格位置,也不需要设置驱动机构等,简化了堆的结构,提高了堆的经济性。

6.3.1.2　硼的特性

具体应用的化学毒物为硼酸。硼酸化学性质稳定,它不易燃烧,不易爆炸,无毒,用于核电厂是安全的。硼酸是一种弱酸,可以溶解于冷却剂,在水中不易分解。这说明它对冷却剂的 pH 值影响很小,因此,不会增加反应堆冷却剂系统的腐蚀速率。

硼酸控制反应性主要根据天然硼中含 ^{10}B 的核特性。天然硼是由丰度为 80.2%的 ^{11}B 和 19.8%的 ^{10}B 两种同位素组成。^{10}B 的热中子微观吸收截面很大,σ_a(2 200 m/s)约为 3.8×10^{-21} cm^2,其核反应为 $^{10}B(n,\alpha)^7Li$,放出 α 粒子;^{11}B 的吸收截面较小,天然硼的微观吸收截面约为 7.6×10^{-22} cm^2。^{10}B 是 $1/v$ 吸收体,对热能以上的中子,吸收截面较小。在有些情况下,^{10}B 吸收中子后可放出 2 个 α 粒子形成氚。一回路冷却剂里的氚有 80%来自这种核反应。^{10}B 吸收热中子对堆内热中子利用因子 f 有较大的影响,直接影响到堆的有效增殖因子 k_{eff}。

6.3.1.3　一回路冷却剂中的硼酸浓度

一回路冷却剂中的硼酸浓度是以质量分数(W/o)计算的,典型的浓度有 4 W/o 和 12 W/o等。

化控虽然有优点和独特之处,但也有缺点。它只能控制慢变化的反应性。特别是,硼浓度对慢化剂温度系数有着重要的影响,见图 6-3-2。图中给出了 5 条不同硼浓度曲线,由图可见,在较大硼浓度下,有可能出现正的慢化剂温度系数。这是由于随着水温的升高,水的密度减小,单位体积水中含硼原子核数也相

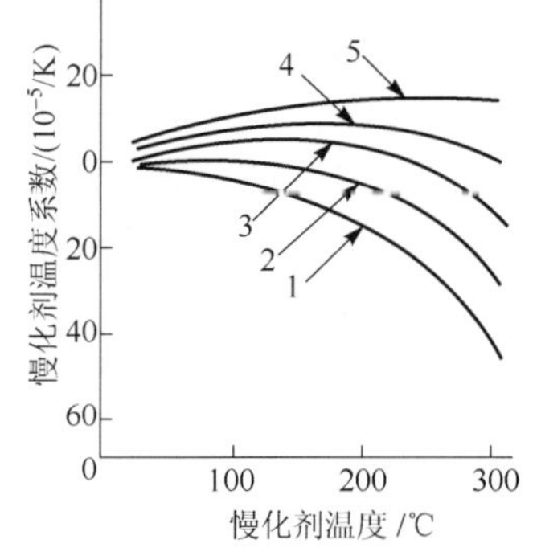

图 6-3-2　在不同硼浓度下慢化剂温度系数与慢化剂温度的关系

1—0 ppm;2—500 ppm;3—1 000 ppm;4—1 500 ppm;5—2 000 ppm。纵坐标零以下为负数。

应地减少，因而反应性增加。从图 6-3-2 又可知，在慢化剂温度较低的情况下也容易出现正的慢化剂温度系数。这也是不允许反应堆在低温下达到临界的原因之一。关于这一点，核电厂运行技术规格书中有明确要求。

在压水堆核电厂里，为了安全运行，技术规格书中规定，运行中应使慢化剂温度系数保持负值，这样，就给出了在反应堆工作温度下(约 280～310 ℃)硼的浓度不应大于1 400 ppm 的限制。

随着反应堆运行时间的增长，燃耗不断地加深，堆芯中的反应性不断地减小，所以硼浓度也必须不断地降低才能维持反应堆临界。图 6-3-3 给出了临界硼浓度随燃耗变化的曲线。由图中曲线可见，一开始，硼浓度的下降较陡，这是净堆裂变产物中毒积累引起的。

临界硼浓度随燃耗的不断加深而逐渐减小，而慢化剂的温度系数不断随燃耗加深而变得更负，见图 6-3-4。从图可见，慢化剂温度系数随燃耗变化与临界硼浓度的相似。

最后还应该指出，根据技术规格书要求，在停堆换料时，为了保证足够的停堆深度，冷却剂硼浓度应大于 2 000 ppm。所以，换料后重新启动反应堆前，首先得进行硼稀释操作。

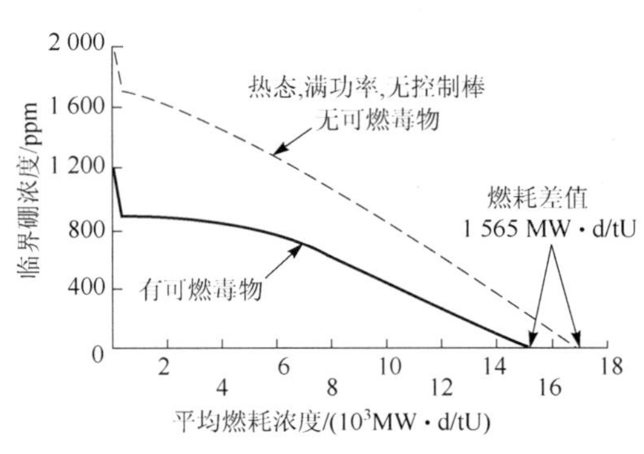

图 6-3-3 临界硼随燃耗的变化

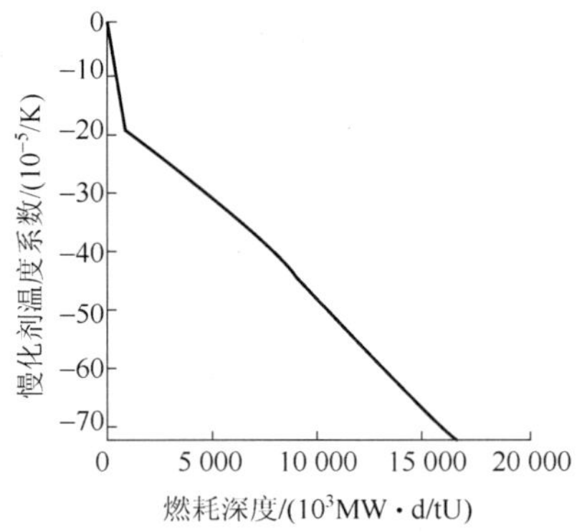

图 6-3-4 慢化剂温度系数随燃耗的变化

6.3.1.4 硼微分价值

既然硼在压水堆控制中起着重要的作用，因此应该用适当的量来描述。压水堆里常用的是硼微分价值，其定义为每单位硼浓度增加引起的反应性的变化量，即反应性对硼浓度的变化率，

$$硼微分价值 = \frac{\Delta\rho}{\Delta c_B}$$

微分价值总是负值，其大小(绝对值)随硼浓度的增加、燃耗的加深和慢化剂温度的增加而绝对值减小。图 6-3-5 中给出了堆芯寿期初(BOL)与寿期末(EOL)的典型的硼微分价值曲线。

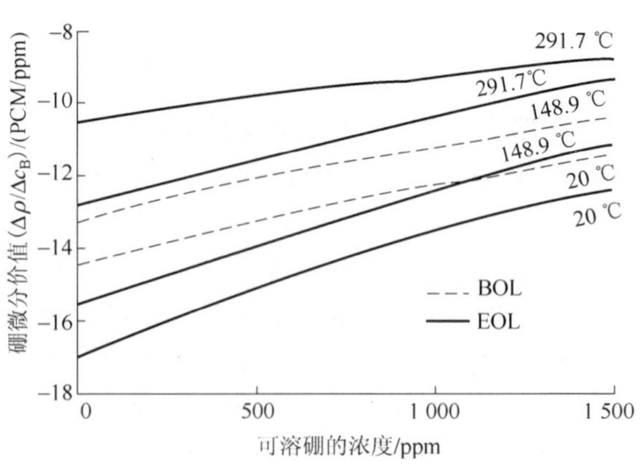

图 6-3-5 BOL，EOL 下典型的硼微分价值

反应堆内无毒物时，中子随能量的分布，即中子谱，如图 6-3-6 所示，其中热能区服从麦克斯韦(Maxwell)分布。当堆芯中增加了像硼和裂变产物这样的 $1/v$ 吸收体后，热中子分布发生了变化。由于 $1/v$ 吸收体吸收截面随中子能量(速度)的减小而增加，所以能量较低的中子为 $1/v$ 吸收体吸收得更多，结果出现了热中子分布峰向能量较高的超热区偏移的现象，这就是堆内中子谱的硬化。图 6-3-7 表示出了加硼后中子谱的硬化现象。

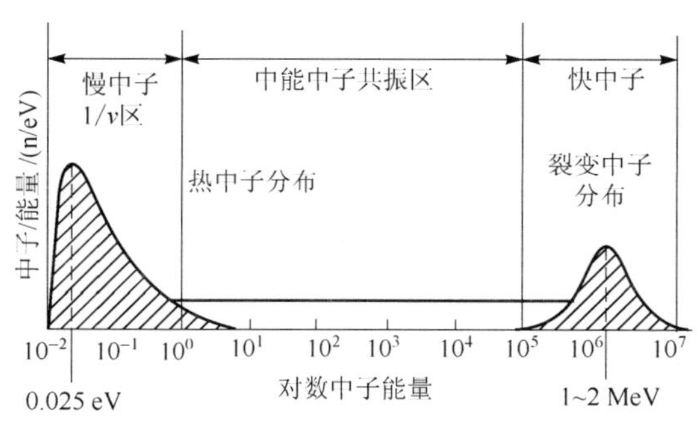

图 6-3-6 堆内中子谱

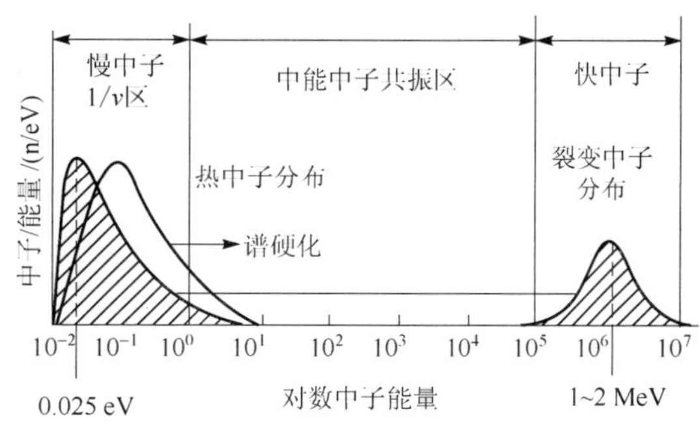

图 6-3-7 硬化的中子谱

随着硼浓度的增加，谱硬化现象更加显著，谱右移越来越大。因为硼的吸收截面随中子能量的升高而减小(它主要吸收热中子)。当硼浓度增加时，硼的吸收截面减小，因此，硼微分价值的大小(绝对值)随硼浓度的增加而减小。

堆内裂变产物随燃耗的加深不断积累，其中许多裂变产物是 $1/v$ 吸收体，也使堆内中子谱硬化。这也解释了图 6-3-7 中所表示的在同一硼浓度下，为什么硼微分价值的大小(绝对值)在 EOL 时的比 BOL 时的要小。但是，在运行过程中，硼酸浓度随堆芯寿期不断变小，可以补偿裂变产物中毒的影响。

又随着慢化剂水温增加，水密度减小，堆内中子谱硬化了，从而硼微分价值减小。

6.3.1.5 硼的稀释与硼化

升降负荷在电厂中是正常运行工况。根据技术规格书要求，当功率运行时，D 组控制棒位已经比较高了，例如，在 50%额定功率时，棒位已经 170 步了，所以，如果要升到满负荷只靠控制棒的提升是不够的，也即一回路功率跟踪二回路负荷增长，在远离 100%功率时，控制棒就已经提到顶(228 步)了。所以实际上升负荷过程中，常常利用稀释一回路冷却剂的硼浓度来跟踪，可以维持控制棒尽量不动，当然应在满足技术规范的前提下。因此，根据负荷变化率估算一回路硼浓度稀释率，是运行需要进行的工作。

例 电厂初始运行工况为 50%额定功率，堆芯寿期初(BOL)的硼浓度为 875 ppm。如果负荷变化率为 1%/min，从 50%升至 100%额定功率，在满足技术规范的要求下，保持控制棒不动，靠改变一回路的硼浓度来跟踪负荷变化，试计算硼的稀释率。

解 根据运行曲线手册查得从 50%到 100%功率亏损为－650 PCM；硼微分价值约为－11 PCM/ppm。所以，靠改变硼浓度来补偿时，则对硼需要稀释掉－650 PCM/－11 PCM/ppm＝59 ppm，即硼浓度最终应为 875 ppm－59 ppm＝816 ppm。又因为负荷变化率为 1%/min，所以升至满功率需要 50 min。因此，硼浓度变化率＝59 ppm/50 min＝71 ppm/h。根据运行曲线可查得稀释率约为 257 L/min，总稀释量为 257 L/min×50 min＝

12 850 L。这样就可在稀释控制器上调整定值点而满足运行的要求。

从上例可知，估算都是根据主控室已知曲线、数据表查得，并不需要精确的计算，这是核电厂运行所要求的实用性。此外，在功率变化时，还必须考虑到氙浓度变化带来的长时间影响。

高功率下这种平衡氙引入的负反应性必须通过额外的硼稀释来进行补偿，这种反应性变化是比较缓慢的。

核电厂运行中的硼化与稀释基本类同，但重要的不同在于稀释过程是向反应堆芯添加正反应性，一定要格外注意安全。

硼的稀释与硼化都有一个特点——明显的滞后性，即开始操作后，硼的浓度需等一会儿才能改变数值，同样，当停止操作后，硼浓度改变也不立即停止，也要持续一段时间。

应该指出，在堆芯寿期末(EOL)，硼浓度每降低 1 ppm 需要用大量的水来稀释，如硼浓度 c_B 同样都降低 10 ppm，c_B=500 ppm 与 1 000 ppm 时所需稀释水量分别为 56 775 L 与 227 L，相差太悬殊。又在 BOL 时，c_B=1 000 ppm 的与 EOL 时，c_B=50 ppm 的硼微分价值差不多相等；而 BOL 时功率亏损 1 500 pcm 小于 EOL 时的 1 900 pcm，所以 EOL 时的补偿功率变化所需硼浓度大于 BOL 时的。因此，硼浓度变化要求大和稀释用水量大，这限制了 EOL 时的功率增长速率。

EOL 时稀释水量大，给放射性废水处理带来很大的压力，因此，有的压水堆核电厂设计了硼热再生系统。它是由几个除离子装置组成的。系统设计功能包括调整流经除离子装置的流向与出入口温度、实现吸附和释放硼而使溶液中的硼浓度变化(稀释或硼化)。这个系统的特点是不需要向系统中另加补给水或硼。

硼化通过化学溶剂控制系统可以正常加硼，必要时通过专门途径也可以应急加硼。运行时计算硼化的经验规则是在压水堆核电厂整个堆芯寿期内典型的硼微分价值为−10 PCM/ppm。

6.3.2 可燃毒物控制

6.3.2.1 可燃毒物的重要性

在典型压水堆核电厂首次装料时，如果有效增殖因子 k_{eff}=1.26，则化学补偿控制为 20%Δk，还有 8%Δk 由可燃毒物来控制。6.3.1 中已经讨论了压水堆采用化控的优点，但是化控并不能完全地、很好地解决问题，因为首次装料燃料元件都是新的，所以剩余反应性特别大。如果单靠增加硼浓度来满足要求时，浓度很可能超过 1 400 ppm，而慢化剂温度系数将出现正值。如果既想维持硼浓度在 1 400 ppm 之下又要满足反应性控制要求，则只有增加控制棒的数目了。这将相应增加很多驱动机构装置，不只是经济问题，更重要的是压力容器的封头上要开更多的孔，结构强度不许可，况且机构越多，出现问题的可能性越大，也不安全。更有甚者，只在第一次装料时需要控制大反应性，因为从第一次换料后，堆芯中大部分装料都是已燃耗过的燃料，此时，堆芯寿期初的剩余反应性已经明显地减小了。因此，综合考虑，提出了在新堆芯内添加一定的可燃毒物的方案，保持了负的温度系数，并能展平径向中子通量密度分布。这样既安全又经济，比较妥善地解决了诸矛盾。

6.3.2.2 均匀可燃毒物下的 k_{eff}

为了了解可燃毒物在堆芯中的分布对反应性的影响，首先分析可燃毒物与慢化剂-燃料均匀混合的情况。假设没有中子从堆芯泄漏出来，而且慢化剂、冷却剂和结构材料等对中子的吸收可以忽略,图 6-3-8 给出了在不同的可燃毒物吸收截面下 k_{eff} 随时间的变化规律。

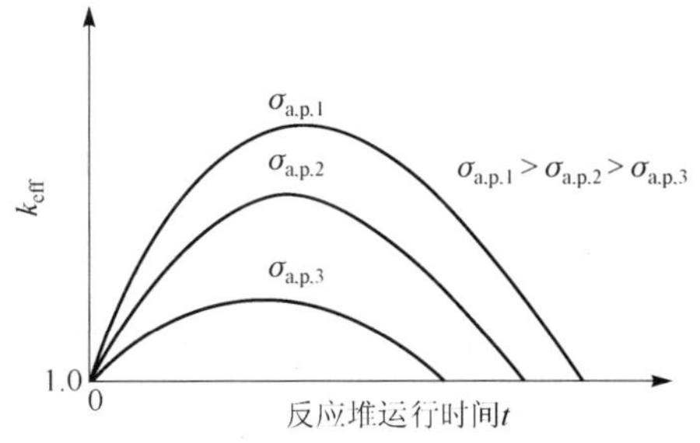

图 6-3-8 k_{eff} 与运行时间 t 的关系

从图 6-3-8 中可见,1)开始 k_{eff} 增长较快,这是因为在堆开始运行的一段时间里,可燃毒物消耗所引起反应性的释放率的下降比燃料消耗引起的反应性变化要快得多。2)k_{eff} 增长到某一最大值后又开始下降。这是因为当可燃毒物大量消耗后,每单位体积内含可燃毒物的核数较少,此时可燃毒物消耗所引起反应性的释放率小于燃料消耗所引起反应性的释放率。3)可燃毒物的吸收截面 σ_a^p 越大,k_{eff} 偏离初始值就越大。这说明可燃毒物的消耗与堆芯中剩余反应性的减小不匹配。理想的情况应该是在整个堆芯寿期里 k_{eff} 的变化尽可能地小。根据这一点,希望采用吸收截面较小的可燃毒物。但是 σ_a^p 值小,可燃毒物消耗得慢,则在 EOL 仍有较多毒物留在堆内,它们对中子的吸收将缩短堆芯寿期。解决这对矛盾的理想情况应该是,在 BOL 时,可燃毒物的吸收截面不要太大,以减小 k_{eff} 偏离初始值的大小,但随着可燃毒物的不断消耗,要求其吸收截面不断变大,以减少 EOL 时可燃毒物的留存量。压水堆核电厂里,实际上采用非均匀布置的可燃毒物棒基本上可以适应这种要求。

6.3.2.3 可燃毒物棒及其自屏效应

在压水堆核电厂堆芯内采用的可燃毒物是棒状形式,即可燃毒物棒。早期曾采用过含硼不锈钢可燃毒物棒,但由于硼耗后留下的不锈钢棒为中子的"灰色"吸收体,后来改为核性能较好的含硼玻璃代替(玻璃吸收截面远小于不锈钢),因为在堆芯寿期末,硼都耗尽了,剩下来的就是玻璃了。因此,在初始剩余反应性相同的情况下,采用含硼玻璃可燃毒物的反应堆的堆芯寿期比采用不锈钢的要长。

这些可燃毒物棒也是按标准燃料棒的标准设计的,即假设堆运行时由于 ^{10}B 的(n,α)反应而使玻璃释放出全部氦气时,棒内有足够的空隙体积,仍能使棒内的压力被限制在堆工作压力之下。

堆内可燃毒物棒的非均匀布置的主要特点是在可燃毒物棒中存在着较强的自屏效应。图 6-3-9 给出了几个不同运行时刻的可燃毒物棒内中子通量密度分布。

图 6-3-10 表示出可燃毒物的有效微观吸收截面 $\sigma_{a,eff}^p$、宏观吸收截面 $\Sigma_{a,eff}^p$ 和可燃毒物的核密度 N_p 随堆运行时间的变化。

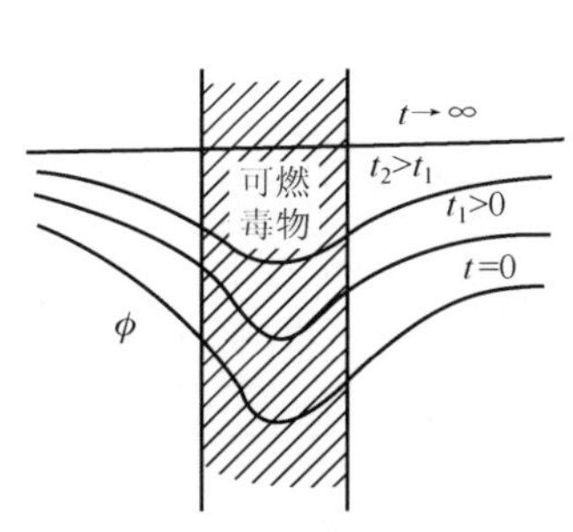

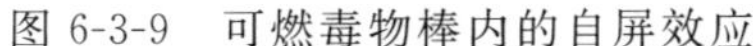
图 6-3-9 可燃毒物棒内的自屏效应

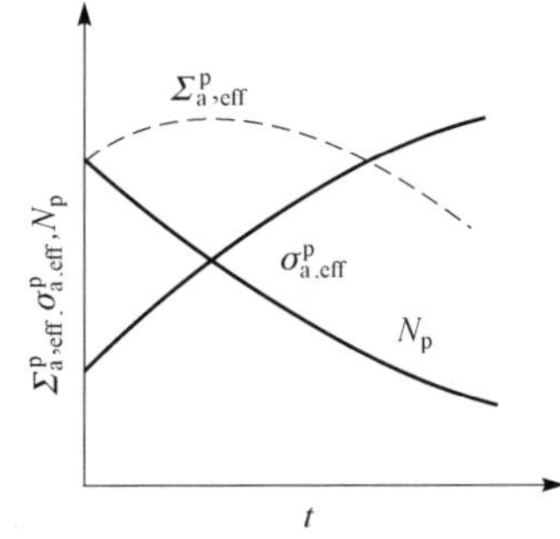

图 6-3-10 可燃毒物吸收截面、核密度随时间的变化

由图 6-3-10 可见，BOL 时可燃毒物棒内的中子通量密度远低于慢化剂-燃料中的中子通量密度，这说明了可燃毒物的自屏效应很强。此时，f_a 值小，$\sigma_{a,\mathrm{eff}}^{p}$ 很小，因此 k_{eff} 偏离初始值也小。但随运行时间的增加，N_p 不断减小，自屏效应相应减弱，f_a 逐渐增长，$\sigma_{a,\mathrm{eff}}^{p}$ 也逐渐增大，N_p 下降更快，到 EOL 时，堆芯内可燃毒物核的留存量很小，因而对堆芯寿期没有明显的影响。

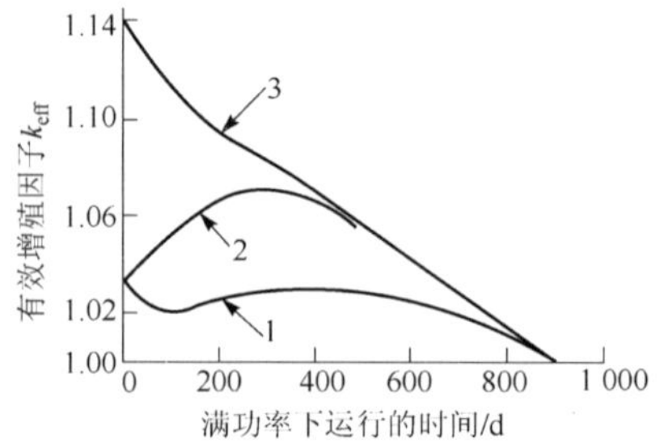

有效增殖因子k_{eff}
1.14
1.10
1.06
1.02
1.00
0
200
400
600
800
1 000
满功率下运行的时间/d
1
2
3

图 6-3-11　可燃毒物对 k_{eff} 的影响

1—可燃毒物非均匀分布；2—可燃毒物均匀分布；3—无可燃毒物

6.3.2.4　堆内可燃毒物棒的布置

图 6-3-11 给出了堆内无可燃毒物与有可燃毒物（均匀分布与非均匀分布）情况下对 k_{eff} 的影响。由图可见，在相同的堆芯寿期条件下，有可燃毒物时，初始 k_{eff} 比无可燃毒物时的初始 k_{eff} 要小，所以控制棒所需控制的反应性值也相应地小。当可燃毒物在堆内非均匀布置时，在整个堆芯寿期内，k_{eff} 最大值不超过初始值；而当可燃毒物均匀分布时，k_{eff} 最大值超过其初始值。因此，可燃毒物非均匀布置时，反应堆所需要的控制棒数目最少。

可燃毒物棒在堆内不仅可以补偿剩余反应性，而且如果使之合理地分布于堆芯内，还可起到展平径向中子通量密度分布的作用。

典型的 4 环路压水堆核电厂中燃料组件内配置的可燃毒物棒数是不同的。它们有 5 种情况，即燃料组件内可装有 20 根、16 根、12 根、10 根或 9 根可燃毒物棒。这取决于燃料组件的富集度和相对中子通量密度分布。图 6-3-12 与图 6-3-13 给出了典型的第一循环可燃毒物棒的装载方案示意图。带可燃毒物棒的燃料组件中，不装可燃毒物棒的导向管中都装有阻力塞，这是为了限制通过这些导向管的旁路流量。

20根可燃毒物棒
堆芯中心
16根可燃毒物棒
12根可燃毒物棒
堆芯中心
9根可燃毒物棒
10根可燃毒物棒

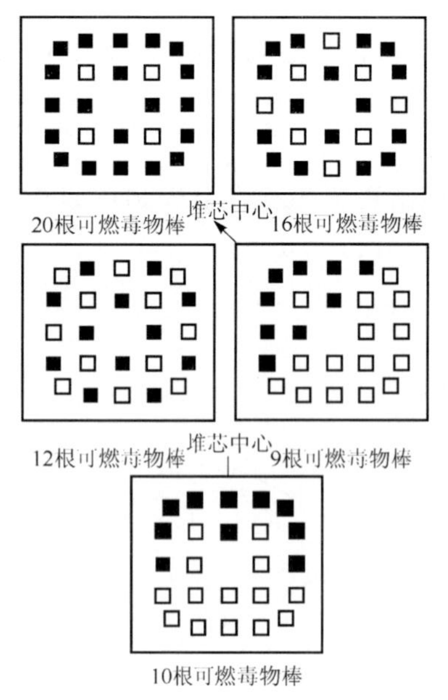

图 6-3-12　5 种装有可燃毒物棒的燃料组件示意图

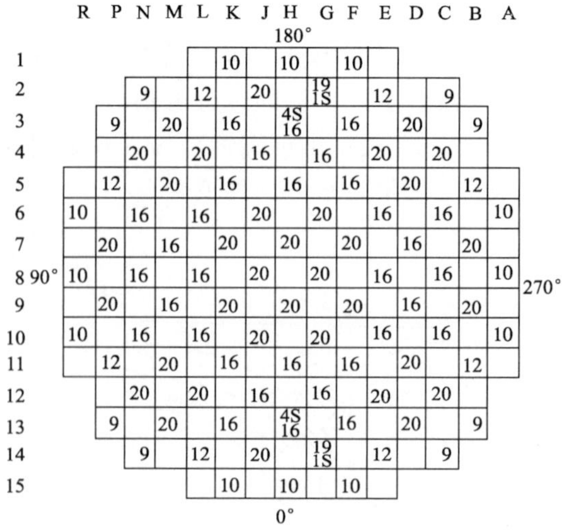

R P N M L K J H G F E D C B A
180°
1 10 10 10
2 9 12 20 19 1S 12 9
3 9 20 16 4S 16 16 20 9
4 20 20 16 16 20 20
5 12 20 16 16 16 20 12
6 10 16 16 20 20 16 16 10
7 20 16 20 20 20 16 20
8 90° 10 16 16 20 20 16 16 10 270°
9 20 16 20 20 20 16 20
10 10 16 16 20 20 16 16 10
11 12 20 16 16 16 20 12
12 20 20 16 16 20 20
13 9 20 16 4S 16 16 20 9
14 9 12 20 19 1S 12 9
15 10 10 10
0°

图 6-3-13　可燃毒物棒在堆芯内的分布示意图

数字表示可燃毒物棒数，S 表示中子源棒

6.3.3 控制棒

6.3.3.1 控制棒及其重要性

控制棒控制是压水堆 3 种主要反应性控制方式中的一种。如果有效增殖因子 $k_{eff}=1.26$，则其中有 8%Δk 由控制棒控制。压水堆控制棒采用束棒型，按结构可分为全长棒(即长棒)与部分长棒(即短棒)两种，见图 6-3-14。而全长棒按功能又分为停堆棒(又称安全棒)与控制棒(也称调节棒)两种。停堆棒是在反应堆开堆(启动)前就全部提出堆芯的，只用于在发生事故停堆时提供足够大的停堆反应性。控制棒不仅在事故停堆时提供停堆反应性，而且还用来控制反应堆运行时的反应性变化。停堆棒和控制棒是按棒组进行移动的，一个棒组含 8 束棒，并分为两个子组(2×4 束棒)。棒位从堆底开始算起，计为 0 步。图 6-3-15 给出美国 Shearon Harris 核电厂停堆棒和控制棒在堆芯内的分布，分布一般遵循对称布置原则。

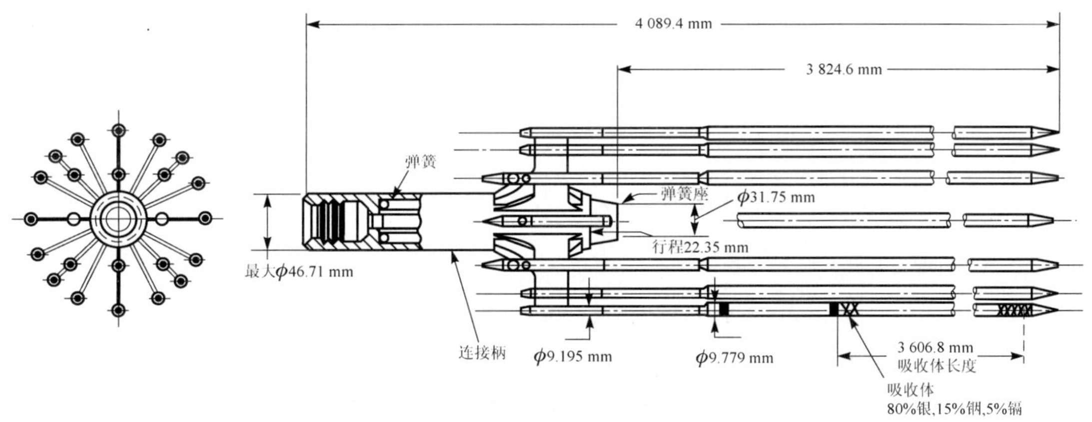

图 6-3-14 全长棒束控制组件

早期的压水堆核电厂有设置部分长棒(即短棒)的。部分长棒形式与全长棒一样，不同之处在于它只有下部 1/4 填充吸收材料，其余部分都用氧化铝作为填充物。原设计意图是用它来抑制轴向功率分布峰值因子，但运行实践证明：一方面，长期使用会引起不均匀的燃耗。这些棒在一个区域内长期留用，然后再提出来，也会引起氙振荡。再者，在部分长棒和部分插入的全长棒之间会形成中子通量密度分布变形等等。另一方面，只要满足技术规

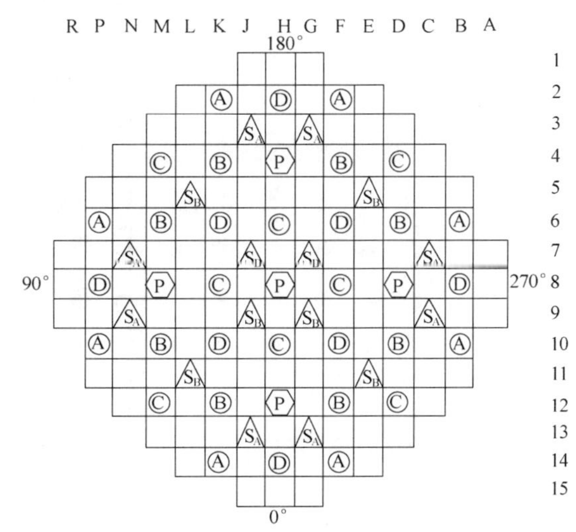

图 6-3-15 堆芯内控制棒组的分布

控制棒组 D 8 束，控制棒组 C 8 束，控制棒组 B 8 束，控制棒组 A 8 束，停堆棒组 S_B 8 束，停堆棒组 S_A 8 束，短棒 P(后来取消了)5 束

格书中轴向功率偏差的限制及负荷率的限制，就能保证轴向峰值因子在其设计限值之内。现在早已不使用部分长棒了。

控制棒之所以重要，在于它能满足以下要求：

（1）补偿满功率的功率亏损；

（2）补偿功率瞬变时氙变化引起的异常功率分布；

（3）提供足够的停堆深度；

（4）当慢化剂平均温度变化时，能使功率水平保持在设计值内；

（5）调节由于温度、硼浓度或空泡效应等引起的小反应性变化等。

6.3.3.2 控制棒特性

压水堆核电厂控制棒采取束棒型，每束包含 24 根控制棒（对于 17×17）排列，见图 6-3-16。这种束棒控制组件有如下优点：1）吸收材料均匀分布在堆芯，从而使堆内热功率分布更均匀；2）提高了单位重量和单位体积的吸收材料吸收中子的效率，大大减少了控制棒的重量；3）当控制棒提升时，留下的水隙对功率分布的影响较小，即畸变小；4）没有附加长度，不像带挤水器的控制棒那样长，可降低轴向压力容器的高度。

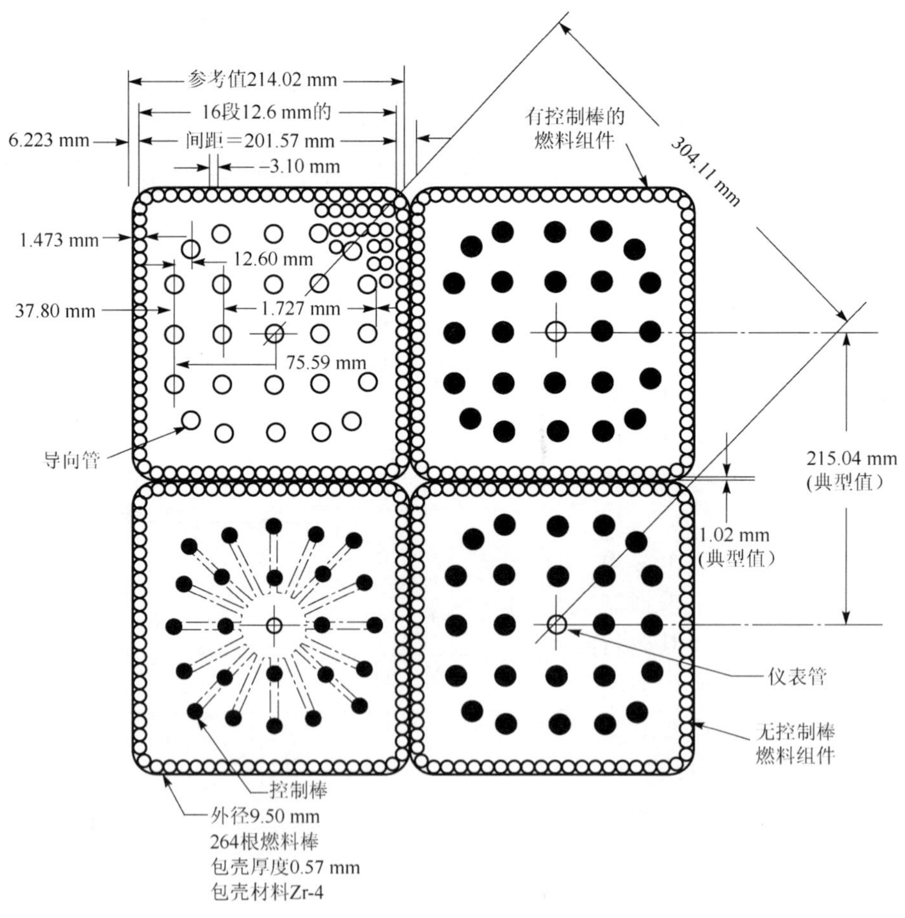

图 6-3-16 带控制棒的燃料组件(17×17)的横截面

控制棒材料的选择不仅考虑物理性能、机械性能，更重要的还要考虑其核特性。对材料的热特性，要考虑热膨胀、热传导和熔点。对热膨胀必须予以限制，以避免控制棒与导向管内壁粘连。要求控制棒在堆芯里受强中子及 γ 辐照后，能有很高的稳定性，又必须要能耐高温，在高温水中有很好的耐腐蚀性，当然，机械强度及加工性能都应该满足要求，在核特性上，主要是要有强烈的吸收中子能力。

目前，公认铪(Hf)是较理想的压水堆控制材料。它不仅物理性能(熔点高达 2 200 ℃)、机械性能良好，而且核性能也好。虽然其热中子微观吸收截面不算很大，但它的超热中子微观吸收截面却很大，尤其是铪的诸同位素，如 ^{178}Hf，^{177}Hf，^{180}Hf 等都是很好的控制材料，其核性能见表 6-3-1。所以，铪做成的铪控制棒具有长寿命及强吸收能力。可惜铪材料稀缺，十分昂贵，目前尚得不到广泛应用。现在世界压水堆应用最多的材料为 Ag(80%)-In(15%)-Cd(5%)合金(闭封在不锈钢包壳内)。这种合金也具备作为控制材料的良好性质，例如，其熔点高达 775℃，强辐照下稳定性能良好，高温下耐腐蚀，在温度不均匀的情况下不发生热畸变……另外，比较经济，易于加工也是其优点。应该指出，之所以选取 Ag-In-Cd 合金，还主要在于其核特性。因为压水堆物理设计要满足自稳性，保证慢化剂温度系数为负值等安全要求，堆芯是紧栅格的，堆内中子谱较硬，即堆内除大部分裂变中子能慢化到热能中子外。也还有相当部分中子为超热中子。在合金中除 Cd 的热中子吸收截面大，属“黑体”吸收体外，Ag 和 In 都有较强的超热吸收本领，因此，Ag-In-Cd 合金控制棒在比较宽的能量范围内是很好的中子吸收体。从图 6-3-17 中可见，从热能区到 50 eV 的超热能区的中子几乎全部可被 Ag-In-Cd 控制棒吸收掉。

表 6-3-1　控制棒用材料核特性

同位素	丰度/%	$(\sigma_a)_{热}/(10^{-24}\ cm^2)$	$(\sigma_a)_{共振}/(10^{-24}\ cm^2)$	$(E_n)_{共振}$/eV
^{107}Ag	51.8	45	630	16.6
^{109}Ag	48.2	92	12 500	5.1
^{113}Cd	12.3	20 000	7 200	0.18
^{113}In	4.2	12	—	—
^{115}In	95.8	203	30 000	1.46
^{174}Hf	0.18	390	—	—
^{176}Hf	5.20	<30	—	—
^{177}Hf	18.50	380	6 000	2.36
^{178}Hf	27.14	75	10 000	7.80
^{179}Hf	13.75	65	1 100	5.69
^{180}Hf	35.24	14	130	74.0

6.3.3.3　控制棒对 k_{eff} 的影响

控制棒对 k_{eff} 的直接影响，表现在其对热中子利用因子 f 和逃脱共振吸收概率 p 两参数及中子不泄漏概率的影响上。在有控制棒插入堆芯时，热中子利用因子 f 表示为

$$f=\frac{\Sigma_a^U}{\Sigma_a^U+\Sigma_a^M+\Sigma_a^R+\Sigma_a^P}$$

其中，U 表示燃料；M 表示慢化剂；R 表示控制棒；P 表示毒物。很明显，Σ_a^R 增大将导致 f 值减小，从而 k_{eff} 下降。

因为压水堆采用 Ag-In-Cd 合金作为控制棒材料，所以控制棒有很强的吸收超热中子的能力。它对逃脱共振吸收概率 p 有明显的影响。根据 p 的定义可知，如果超热吸收强烈，则经慢化而能到达热能的中子数就减少了，也就是说控制棒的插入使 p 值减小，从而使 k_{eff} 下降。

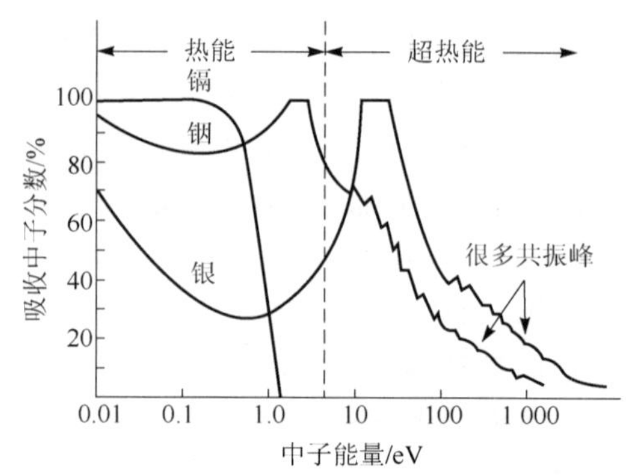

图 6-3-17　Ag-In-Cd 控制棒的中子吸收

控制棒插入堆芯时，引起堆内中子通量密度分布发生畸变，也导致堆的几何曲率 B^2 值增加，从而减小了中子不泄漏概率，见图 6-3-18。

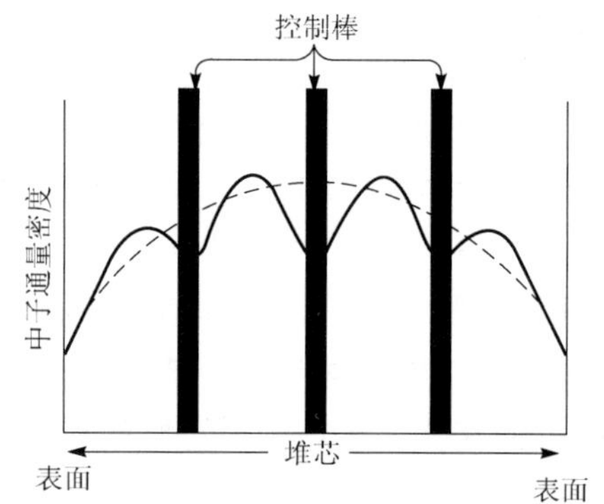

图 6-3-18　有控制棒插入堆芯的中子通量密度分布

----无棒时的中子通量密度分布；

——有棒时的中子通量密度分布

反应堆静态物理中，双群扩散理论给出中子总不泄漏概率

$$P = \frac{1}{(1+L^2B^2)(1+\tau B^2)} = P_f \cdot P_{th}$$

式中：L—— 热中子扩散长度；

τ—— 中子年龄；

$P_f = 1/(1+\tau B^2)$—— 快中子在慢化过程中的不泄漏概率；

$P_{th} = 1/(1+L^2B^2)$—— 热中子在扩散过程中的不泄漏概率。

当控制棒插入堆芯时，散射能力下降，导致中子年龄 τ 变大，致使 P_f 变小。对控制棒插入堆芯情况，其对热中子的吸收与热中子从堆芯边界泄漏出去的情况相似，都是中子损失（绝对），结果使 P_{th} 减小，从而导致总不泄漏概率 $P = P_f \cdot P_{th}$ 减小，最终也将使 k_{eff} 减小。

6.3.3.4　控制棒价值

控制棒的反应性价值，简称控制棒价值，是指在堆内有控制棒存在时和没有控制棒存在时的反应性之差。

1. 微分价值

控制棒微分价值是指控制棒每移动一步或单位距离所引起的反应性变化，其单位常采用 PCM/cm，它的表示形式如下：

$$\mathrm{DRW} = \frac{\Delta\rho}{\Delta h}$$

式中：DRW——棒微分价值；

$\Delta\rho$——反应性变化量；

Δh——棒位变化量。

棒微分价值取决于棒顶端附近的相对中子通量密度、该处中子通量密度的重要因子和棒本身特性。

$$DRW \propto \left(\frac{\phi_{tip}}{\phi_{avg}}\right) \cdot \psi^*$$

式中：ϕ_{tip}—— 棒顶端附近的中子通量密度；

ϕ_{avg}—— 堆芯内平均中子通量密度；

ψ^*—— 中子通量密度的重要因子。它与棒顶端附近的相对中子通量密度成正比，即

$$\psi^* \propto \frac{\phi_{tip}}{\phi_{avg}}$$

所以控制棒微分价值正比于该处相对中子通量密度平方

$$DRW \propto \left(\frac{\phi_{tip}}{\phi_{avg}}\right) \cdot \psi^* \propto \left(\frac{\phi_{tip}}{\phi_{avg}}\right)^2 = c\left(\frac{\phi_{tip}}{\phi_{avg}}\right)^2$$

式中：c——与控制棒的大小、形状和材料有关的常数。

控制棒在堆芯内移动时，其微分价值是变化的。当棒插入堆芯时，影响到堆内轴向中子通量密度分布，见图 6-3-19，图中(a)给出了控制棒提出堆芯时的轴向中子通量密度分布，(b)则是部分插入时的分布。棒插入越深，则中子通量密度峰越向底部偏移。但如果全部插入时，则中子通量密度峰值又返回至中央平面。

确定棒微分价值的方法很多，在反应堆上最常用的方法是周期法，因为周期法局限于小反应性的测量，所以一般是逐段进行刻度的。每段刻度后，都需要用其他控制棒(或吸收体)来补偿，使堆回到临界状态，并准备下段刻度。图 6-3-20 给出了典型的棒组控制反应堆中控制棒微分价值与其高度的关系。应该强调的是，棒组是指一起移动的一组控制棒。

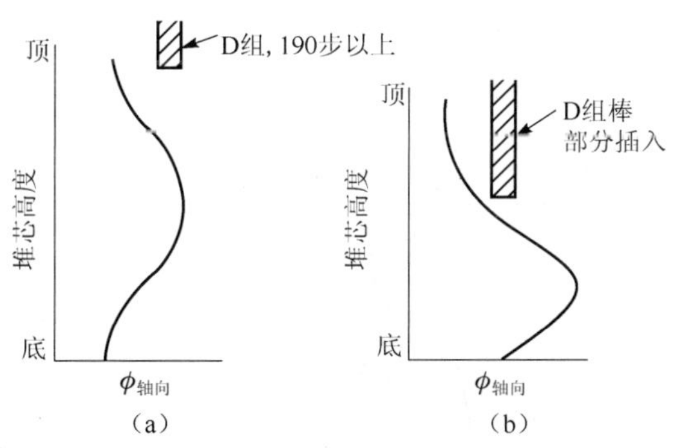

图 6-3-19 棒提出和部分插入情况下的轴向通量密度分布

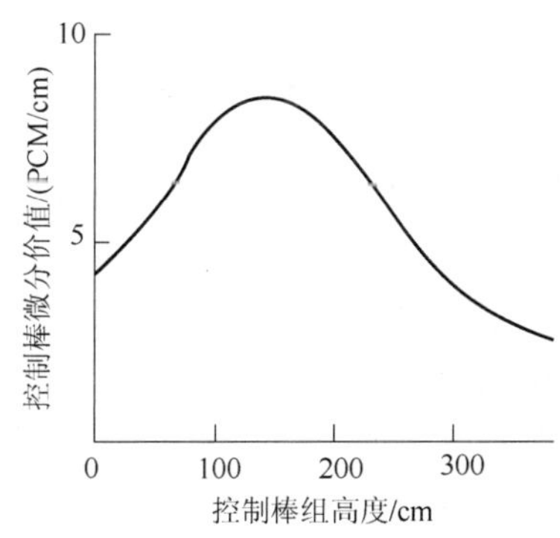

图 6-3-20 典型的控制棒微分价值曲线

2. 积分价值

当控制棒从一参考位置移动到某一高度时，所引入的反应性称为这个高度上的积分价值。参考位置可以选棒全插位置，提棒向堆芯引入正反应性。随着棒不断地提起，所引入的正反应性也越来越大。积分价值在棒位为零步时等于零。如果参考位置选棒提出堆芯到顶，则插棒向堆芯引入负反应性。随着棒不断插入，所引入的负反应性也越来越大。积分价值在棒位为 228 步(最大，到顶)时等于零。图 6-3-21 给出相应图 6-3-20 的棒的积分价值曲线，棒微分价值是积分价值曲线上相应点的切线斜率。在图 6-3-22 的(a)中选取堆底为参考位置 0 步，在(b)中则选取堆顶为参考位置 228 步。不管参考位置如何选取法，控制棒移动向堆内所引入的反应性等于

$$\Delta\rho = \text{IRW(终值)} - \text{IRW(初值)}$$

其中,IRW 表示棒积分价值。

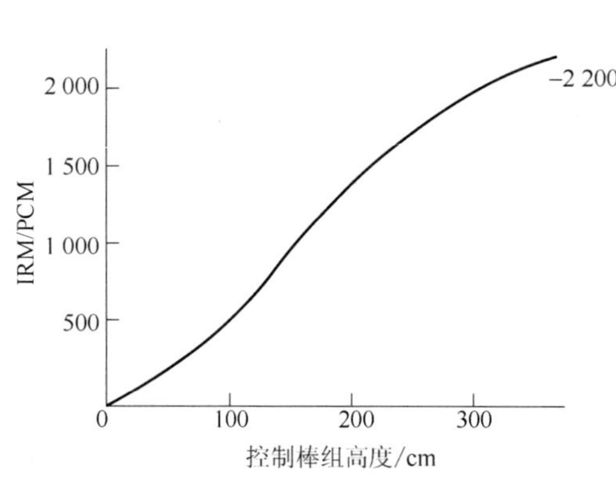

图 6-3-21　与图 6-3-20 相应积分价值曲线

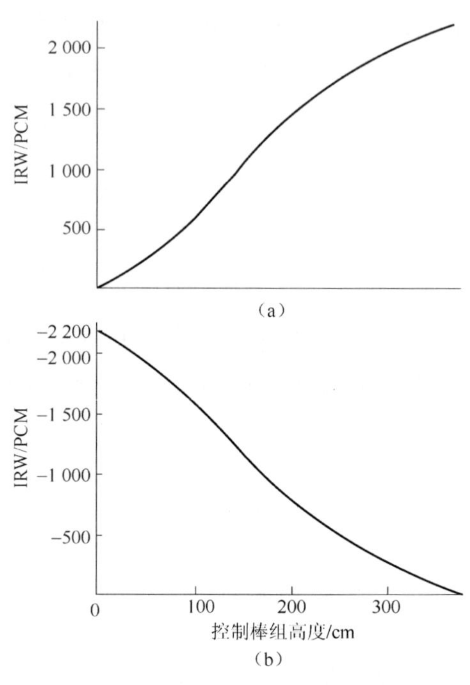

图 6-3-22　典型的控制棒积分价值曲线

图 6-3-23 给出了 SNUPPS 核电厂棒组重叠 114 步、堆芯寿期初(BOL)、热态零功率 HZP 情况下的控制棒微分价值与积分价值曲线。

3. 影响棒价值的其他因素

慢化剂温度对棒价值有重要影响。当慢化剂温度升高时,其密度降低了,中子在慢化剂中平均穿行距离变大了。这样中子被控制棒吸收的概率变大了,也即控制棒作用范围变大了,这意味着慢化剂温度升高,棒的价值变大,见图 6-3-24。

对于给定温度,堆芯燃耗的加深,裂变毒物积累量随燃耗的增长,也能使控制棒价值增大。这主要是因为裂变产物强烈地吸收热中子,使堆内中子谱硬化,超热中子增多,现采用 Ag-In-Cd 控制棒(或铪棒)是因为它有很强的超热吸收能力的缘故。图 6-3-25给出了不同温度下控制棒价值与堆芯燃耗的关系。

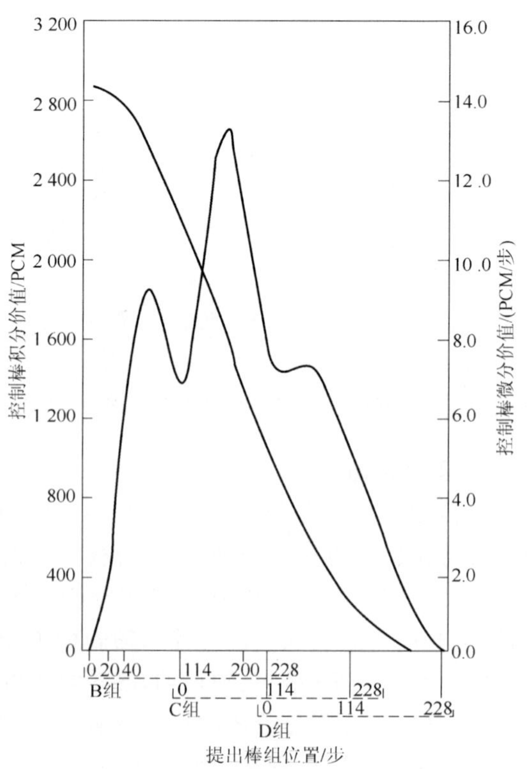

图 6-3-23　控制棒的微分价值与积分价值

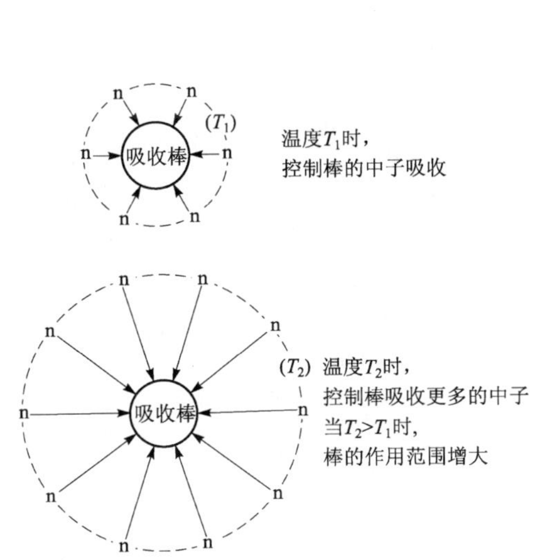

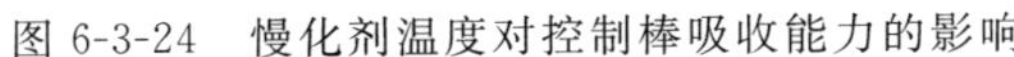

图 6-3-24　慢化剂温度对控制棒吸收能力的影响

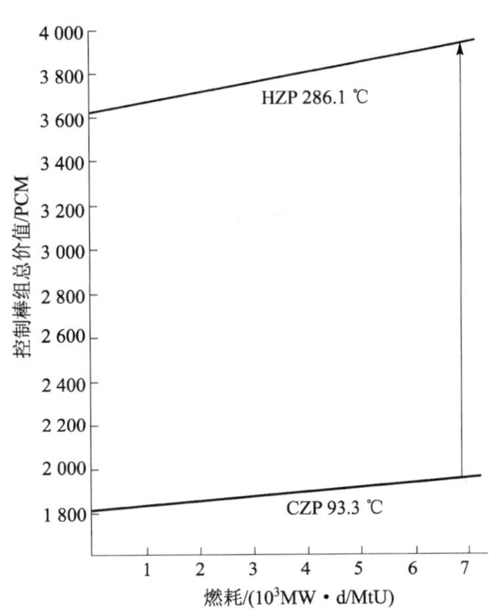

图 6-3-25　不同温度下棒价值与堆芯燃耗的关系

6.3.3.5　控制棒的运行要求

从安全运行方面考虑，有两个问题需要讨论，即控制棒组的重叠与控制棒的插入极限。

1. 控制棒组的重叠

堆内在控制棒提升或下降的运行过程中，为了保持相对恒定的反应性添加率，要求控制棒组要有重叠。所谓重叠是指 A 组控制棒提到一定高度而尚未全提出堆芯时，B 组控制棒开始从堆底提起，然后 A 组、B 组控制棒交替上升。同样，B 组控制棒与 C 组控制棒，C 组控制棒与 D 组控制棒都有相同的重叠。一般重叠 100 步、114 步或 115 步等，这是根据各核电厂的设计而定的，像美国 Shearon Harris 核电厂就重叠 100 步。

采用棒组重叠可以得到比较均匀的棒微分价值，使提棒时的轴向中子通量密度分布更均匀些。假如控制棒组运行过程中不能重叠，则根据棒积分价值确定的结果为“S”形曲线的规律，即棒两端的价值较小，只中间部位线性较好，这样，总的积分价值就得不到较好的线性段了。图 6-3-26 与图 6-3-27 给出了棒组重叠时的棒微分价值与积分价值曲线。

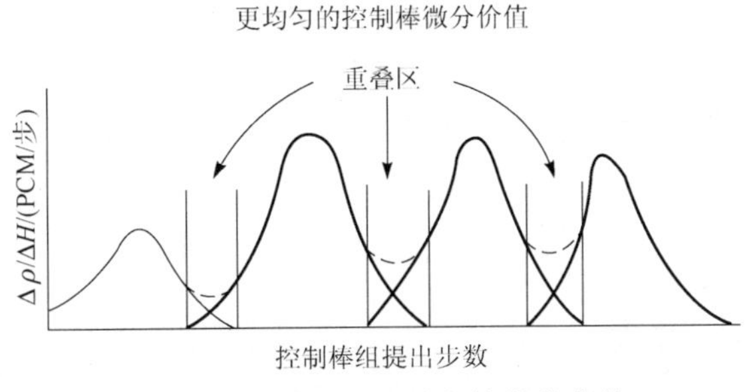

图 6-3-26　棒组重叠时的棒微分价值

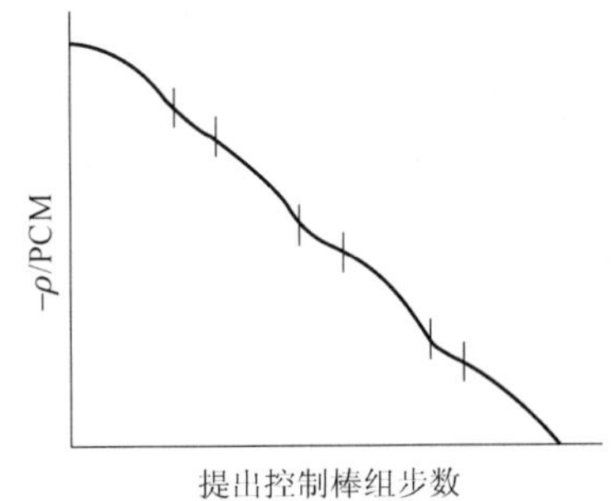

图 6-3-27　棒组重叠时的棒积分价值

有重叠时，总存在有负斜率；无重叠时，由于斜率趋向零，而相应部分曲线变平

应该指出，由于停堆棒在一般运行情况下，都是悬挂在堆顶，停堆时掉落堆芯，所以运行过程对它没有重叠的要求。

2. 控制棒的插入极限

技术规格书中控制棒插入极限的运行限制条件是各组控制棒插入堆芯的高度的限值必须遵从图 6-3-28 中所表示的规定。

例如，核电厂在 60%额定功率运行时，则如图中给出 D 组控制棒的插入极限为 75 步，即不能低于 75 步，C 组控制棒的插入极限为 193 步(棒组重叠为 118 步)，即不能低于 193 步，但在 100%满功率运行时，如图中只给出 D 组棒的插入极限 164 步，此时 C 组棒早已提到顶(228 步)了。

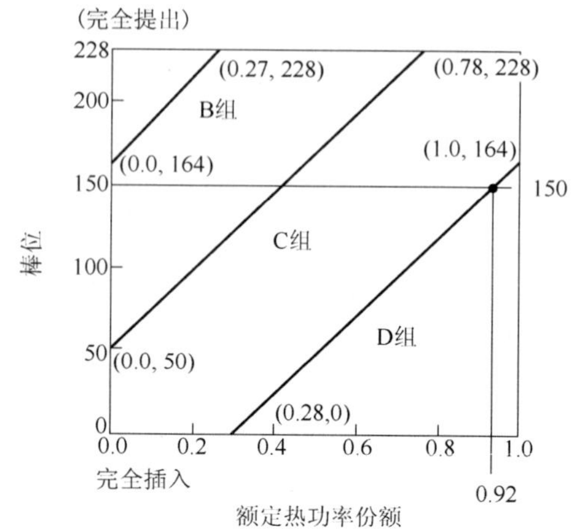

图 6-3-28 控制棒组插入极限与热功率的关系

这条规范限制保证了给定功率水平下的停堆深度，防止了局部功率峰，得到了较好的轴向中子通量密度分布。如果控制棒棒位在插入极限之下，插入过深，堆芯上部功率被压得太低，下部功率被抬起太高，就有可能导致堆芯下部燃料元件温度过高，以致燃料元件局部烧毁。另外，插入极限还减轻了弹棒事故的后果。

系统设计上为每个控制棒组提供两种报警，其目的在于对操纵员给出控制棒插入过量的警告。

“低”报警是提醒操纵员，控制棒已经接近插入极限的信号，在很多核电厂中，此时控制棒位高于插入极限 10 步，要求按正常方式向反应堆冷却剂系统加硼。

“低-低”报警则提醒操纵员，控制棒已达插入极限了。根据规程，此时应该向反应堆冷却剂系统应急加硼。

在技术规范中也明文规定了如果插入极限不能满足时，应该采取的补救措施如下：

(1) 在 2 h 之内，将控制棒组恢复到插入极限范围内，或者

(2) 在 2 h 之内，将热功率水平降至小于或等于图中棒位所允许的额定热功率份额，否则

(3) 至少在 6 h 之内处于热备用状态。

就图 6-3-28 而言，如果核电厂处在 100%满功率下稳定功率运行，D 组控制棒的插入限值为 164 步。这就是说 100%功率情况下不能低于 164 步。假如，此时实际棒位为 150 步，就不满足插入限值规范要求了。根据补救措施，要么在 2 h 内将棒调至 164 步以上(通过加长硼浓度使控制棒上提)，要么在 2 h 内降功率至 92%以下。至于进行哪种操作，根据领导要求进行。

复习思考题

1. 基本概念：反应性的定义及几种反应性——剩余反应性、停堆反应性、一次允许释放的反应性。

2. 为什么说不考虑缓发中子作用的反应堆不可控？

3. 什么是点堆模型？其局限性有哪些？

4. 反应堆周期定义是什么？什么是反应堆倍周期？周期与倍周期的关系是什么？

5. PWR核电厂的反应堆周期限值约多少？超过限值时能停堆吗？为什么？

6. 列出反应堆周期与反应性的关系式——反应性方程。

7. 什么是瞬发临界？瞬发临界的条件是什么？

8. 启动率的定义是什么？其限值为多少？

9. 反应堆停堆后，堆功率(中子密度)能马上下降到零吗？为什么？

10. 什么是反应性系数？有哪些重要的反应性系数？

11. 给出燃料温度效应和燃料系数的特点。

12. 简述慢化剂温度对 k_{eff} 的影响。

13. 请分析书中图6-2-11与图6-2-12，并说明压水堆核电厂是如何选取堆芯 V_{H_2O}/V_{UO_2} 比值的。

14. 从书中图6-2-16可得到什么启示？

15. 请分析书中图6-2-19临界硼浓度曲线。

16. 什么是功率系数？什么是功率亏损？简述功率亏损在核电厂运行中的重要性。

17. 反应性控制的主要任务是什么？

18. 给出图6-3-1中三种反应性控制方式下，所控制的反应性量的分配。

19. 化控主要用于补偿堆内哪些慢变化的反应性？

20. 分析图6-3-2在不同硼浓度下慢化剂温度系数与慢化剂温度的关系。

21. 给出硼微分价值的定义。为什么硼微分价值总是负值？

22. 什么是 $1/v$ 吸收体？解释堆内加硼后中子谱的硬化现象。

23. 说明可燃毒物的重要性。

24. 束棒控制组件的优点有哪些？

25. 为什么目前世界压水堆核电厂多采用Ag(80%)-In(15%)-Cd(5%)合金做控制棒？

26. 给出控制棒的微分价值与积分价值。

27. 控制棒组运行过程中为什么要求重叠？

28. 为什么技术规格书中对控制棒有插入极限的要求？

第七章　燃耗与中毒

压水堆核电厂新装料后反应堆的剩余反应性是远大于零的。但是，随着反应堆的运行时间的增长，反应性 ρ（或有效增殖因子 k_{eff}）不断地发生变化，其总的变化趋势是下降的。反应性变化的原因很多，除了第六章已经讨论过的反应性有关问题外，还有两大方面的问题，即燃耗与中毒。

堆芯内的易裂变同位素 ^{235}U 在不断裂变过程中有所燃耗，是减少的。这就引起了反应性的下降；但应该看到堆芯内大量的可转换同位素 ^{238}U，经过吸收中子后，能形成新的易裂变同位素 ^{239}Pu，这又会使反应性上升。

裂变过程中，将形成很宽的裂变产物谱，所有的裂变碎片实际上都是放射性的，它们经过 β 衰变又产生新的同位素。裂变中生成的裂变碎片及其衰变产物称为裂变产物。许多裂变产物具有很大的热中子吸收截面，这些核素称为裂变毒物。

裂变毒物的浓度直接与热中子通量密度有关，所以当反应堆功率变化时，随着中子通量密度的变化，裂变毒物浓度也在变化。这种毒物浓度的变化引起正的或负的反应性效应。^{135}Xe（氙）是最重要的裂变毒物，它既可以直接在裂变中产生，也可由 ^{135}I 经放射性衰变产生。^{135}Xe 可以通过吸收中子变成 ^{136}Xe 或经 β 放射性衰变为 ^{135}Cs 而从堆芯消失。

^{149}Sm（钐）是另一种重要的裂变毒物，^{149}Sm 是由裂变产物 ^{149}Pm（钷）经 β 放射性衰变而来的。^{149}Sm 是稳定的，所以中子俘获是其唯一的消失途径。

在裂变过程中，还产生其他各种毒物，其中一些虽有较小的吸收截面，但是因为具有大的产额，因而有较大的反应性效应。相反，另一些毒物具有较大的吸收截面，但其产额很小，这些毒物的中毒效应将会一并考虑。

本章主要讨论的问题概括为：核燃料同位素的产生与消耗；裂变产物的毒性；堆芯寿期、燃耗、核燃料的转换与换料中的有关物理问题。

7.1　核燃料同位素的产生与消耗

压水堆核电厂运行过程中，核燃料中的易裂变同位素 ^{235}U，不断地燃耗掉，可转换同位素 ^{238}U 核俘获中子后，又可转换成易裂变同位素 ^{239}Pu……因此，核燃料中各种重同位素的核密度，将随反应堆运行时间不断地变化。图 7-1-1 表示出了铀-钚燃料循环过程中的燃料受到中子辐照后所产生的重同位素链。

图 7-1-1 中忽略了 ^{238}U、^{240}Pu……重核的快中子裂变及其 α 衰变。这些重核的 α 衰变半衰期都很长，最短的是 ^{241}Pu，其半衰期也有 13.2 a，最长的则可达 10^7 a，这对反应性的影响很小。

下面将根据某一重同位素 X 的产生和消耗（见图 7-1-2），建立起其核密度随时间的变化规律，即燃耗方程。

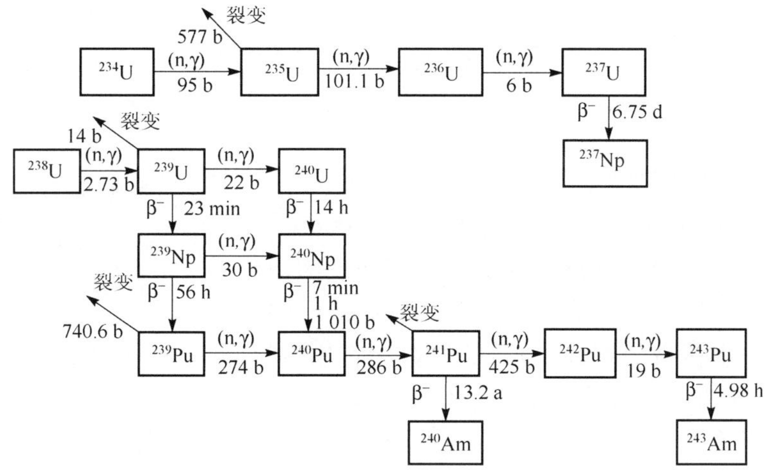

图 7-1-1 铀-钚燃料循环中的重同位素链

$$\text{同位素 X 核密度的变化率} = N_Z(r,t)\int_0^\infty \sigma_\gamma^Z(E)\phi(r,E,t)\mathrm{d}E + \lambda_Y N_Y(r,t) - N_X(r,t)\left[\int_0^\infty \sigma_a^X(E)\phi(r,E,t)\mathrm{d}E + \lambda_X\right] \tag{7-1-1}$$

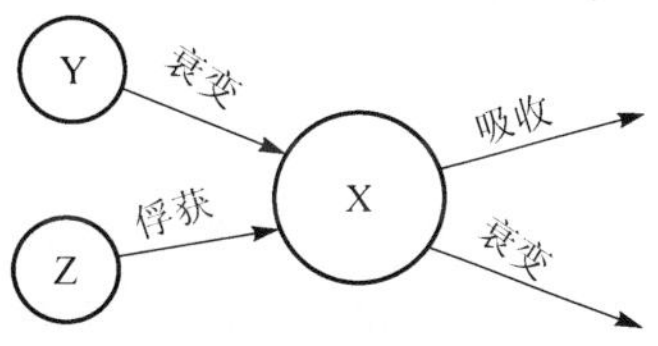

图 7-1-2 同位素 X 的产生和消耗

其中,等式右侧第 1 项为同位素 Z 俘获中子生成同位素 X 的产生率;第 2 项为同位素 Y 经 β 衰变生成同位素 X 的产生率;第 3 项为同位素 X 的吸收和 β 衰变的总消耗率。

求解方程是比较复杂的,但实际上都是对其进行一些假设加以简化,得到核燃料中各种重要同位素核密度随时间的变化规律,如图 7-1-3 所示。

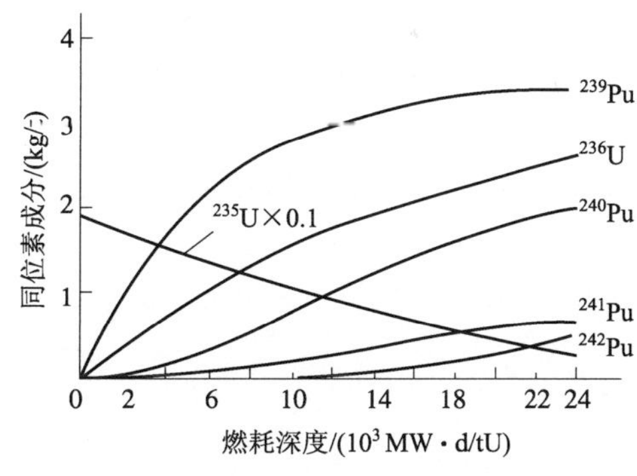

图 7-1-3 燃料中主要同位素核密度随时间的变化

从图 7-1-3 可见,在易裂变同位素 ^{235}U成分不断减少的同时,另一种易裂变同位素 ^{239}Pu 成分却在增加。随着堆芯燃耗的不断加深,^{239}Pu 裂变的贡献很大,从而降低了 ^{235}U 的燃耗速率。在燃耗较深的情况下,对能量输出有贡献的易裂变同位素主要包括 ^{235}U、^{239}Pu 和 ^{241}Pu;当燃耗低于 20 000 MW·d/tU时,对输出能量主要是 ^{235}U 核裂变的贡献;而燃耗高于 30 000 MWd/tU,输出的能量中 ^{239}Pu 核裂变起着相当作用。

7.2 裂变产物的毒性

7.2.1 毒性与反应性

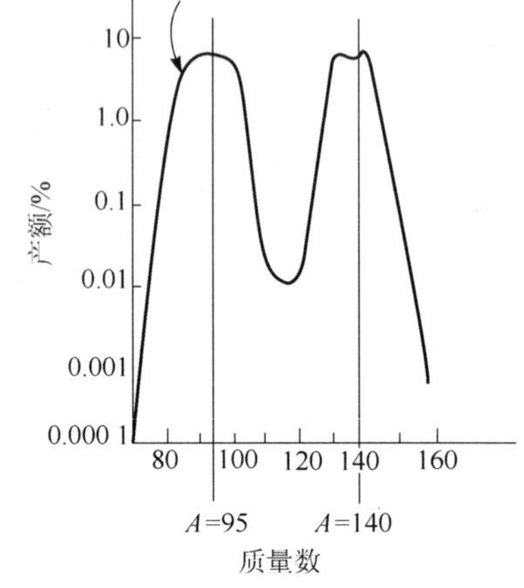

图 7-2-1 ^{235}U 裂变产额曲线

在^{235}U 核裂变过程中，将形成很宽的裂变谱（大约 200 种核素），见图 7-2-1。对每一质量数的裂变产物，都有其相对应的平均裂变产额（即，某一质量数的裂变产物在核裂变总产物中所占的百分数）。各种裂变碎片实际上多是进行 β^- 衰变的放射性同位素。很多裂变碎片具有比较大的热中子吸收截面，也有不少裂变碎片可以衰变成具有较大热中子吸收截面的核素。

反应堆内毒性 P 的定义为：被毒物吸收的热中子数与被燃料吸收的热中子数的比值

$$P=\frac{\Sigma_a^p}{\Sigma_a^U} \tag{7-2-1}$$

式中：Σ_a^p—— 毒物的宏观吸收截面；

Σ_a^U—— 燃料的宏观吸收截面。

而 $\Sigma_a^p=N_p\cdot\sigma_a^p$，其中 N_p 为毒物的核密度，因此，在 N_p 与 σ_a^p 二者中，无论其中的哪个数值大，都反映着毒性大。

在与 k_∞ 有关的四个因子中，因毒性变化而变化的主要是热中子利用因子 f。因此，如果中子泄漏也不受毒物影响，则 k_{eff} 就正比于 f。毒性对反应性的影响表现在对热中子利用因子上。

假设反应堆内中子通量密度是均匀分布的，

无毒物时，

$$f=\frac{\Sigma_a^U}{\Sigma_a^U+\Sigma_a^m+\Sigma_a^s} \tag{7-2-2}$$

有毒物时，

$$f'=\frac{\Sigma_a^U}{\Sigma_a^U+\Sigma_a^m+\Sigma_a^s+\Sigma_a^p} \tag{7-2-3}$$

式中：Σ_a^m—— 慢化剂的宏观吸收截面；

Σ_a^s—— 结构材料的宏观吸收截面。

在(7-2-2)式和(7-2-3)式中，分子、分母都除以 Σ_a^U，则得

$$f=\frac{1}{1+\dfrac{\Sigma_a^m+\Sigma_a^s}{\Sigma_a^U}} \tag{7-2-4}$$

$$f'=\frac{1}{1+\dfrac{\Sigma_a^p}{\Sigma_a^U}+\dfrac{\Sigma_a^m+\Sigma_a^s}{\Sigma_a^U}} \tag{7-2-5}$$

令

$$y=\frac{\Sigma_a^m+\Sigma_a^s}{\Sigma_a^U} \tag{7-2-6}$$

则

$$f=\frac{1}{1+y} \tag{7-2-7}$$

$$f'=\frac{1}{1+P+y} \tag{7-2-8}$$

如果无毒物反应堆的有效增殖因子是 k_{eff}，而有毒物的是 k'_{eff}，则

$$\frac{k'_{\text{eff}}-k_{\text{eff}}}{k'_{\text{eff}}}=\frac{f'-f}{f'}$$

$$=-\frac{P}{1+y} \tag{7-2-9}$$

如果反应堆在没有毒物时恰好是临界的，即 $k_{\text{eff}}=1$，则(7-2-9)式的左侧就相当于毒物导致的反应性 ρ：

$$\rho=\frac{k'_{\text{eff}}-1}{k'_{\text{eff}}}=-\frac{P}{1+y} \tag{7-2-10}$$

在典型的压水堆堆芯里，一般 y 是很小的一个分数，很接近于 0(约 0.008 2)。所以，由于裂变产物存在，所导致的负反应性大致就等于毒性。

例 某反应堆在停堆前，以功率为 3 200 MW 运行了 7 d，停堆后 14 d，^{96}Zr 的量是多少(假定^{96}Zr 初始浓度为 0，其吸收截面为 22×10^{-27} cm^2，可忽略其吸收)？假设堆芯装有 426 000 kg UO_2燃料，其富集度为 2.25%，微观吸收截面 $\sigma_a(^{235}\text{U})=683\times10^{-24}$ cm^2，试问它对反应性的影响多大？

解：(1) 根据 1 W 相当于 3.12×10^{10}裂变/s

故 3 200 MW 相当于 9.98×10^{19}裂变/s

又 7 d=6.048×10^5 s

故 7 d 后总裂变次数为

9.98×10^{19}裂变/s×6.048×10^5 s=6.038×10^{25}次裂变

从图 7-2-1 中可查得^{96}Zr 的裂变产额为 6.28%。^{96}Zr 的热中子吸收截面为 22×10^{-27} cm^2，这可以忽略不计。^{96}Zr 不是放射性同位素。

^{96}Zr 的原子核数=(0.062 8)×(6.038×10^{25})=3.792×10^{24}

由于^{96}Zr 不是放射性同位素，在停堆以后浓度不变，其相应的质量为

$$m=3.792\times10^{24}\times\frac{96\ \text{g/mol}}{6.023\times10^{23}\ \text{mol}^{-1}}=604.7\ \text{g}$$

这个数值稍微偏大点，因为一小部分^{96}Zr 原子在运行时由于吸收热中子而损失掉。

(2) 根据毒性

$$P\approx-\rho=\frac{\Sigma_a^{\text{P}}}{\Sigma_a^{^{235}\text{U}}}$$

其中 $\Sigma_a^{\text{P}}=N(^{96}\text{Zr})\cdot\sigma_a(^{96}\text{Zr})$

$=3.79\times10^{24}/V_c\ \text{cm}^3\cdot22\times10^{-27}\ \text{cm}^2$

$=\dfrac{8.342\times10^{-2}}{V_c}\text{cm}^{-1}$($V_c$ 为堆芯体积)

又

$$\Sigma_a^{^{235}\text{U}}=N(^{235}\text{U})\cdot\sigma_s(^{235}\text{U})$$

$$m(^{235}\mathrm{U}) = 0.0225 \times 426\,000\ \mathrm{kg}$$
$$= 9\,585\ \mathrm{kg}$$

而

$$N(^{235}\mathrm{U}) = \frac{9\,585\ \mathrm{kg} \cdot \dfrac{6.023 \times 10^{23}\ \mathrm{mol}^{-1}}{0.235\ \mathrm{kg/mol}}}{V_c}$$
$$= 2.455 \times 10^{28}/V_c$$
$$\sigma_a(^{235}\mathrm{U}) = 683 \times 10^{-24}\ \mathrm{cm}^2$$

所以

$$\Sigma_a^{^{235}\mathrm{U}} = (2.455 \times 10^{28}/V_c) \times 683 \times 10^{-24}\ \mathrm{cm}^2$$
$$= 16.77 \times 10^6/V_c\ \mathrm{cm}^{-1}$$

因此

$$\rho \approx -P = -\left(\frac{8.342 \times 10^{-2}/V_c}{16.77 \times 10^6/V_c}\right)$$
$$= -4.97 \times 10^{-9}\,\Delta k/k$$
$$= -4.97 \times 10^{-4}\ \mathrm{PCM}$$

从结果可知，^{96}Zr 是不重要的毒物，它具有较大的裂变产额，但其热中子吸收截面非常小。

在整个堆芯寿期里(从 BOL 到 EOL)，其他长寿命裂变产物的典型中子微观吸收截面为 5×10^{-23} cm^2 到 1×10^{-22} cm^2。通常，这些裂变产物的浓度随堆芯燃料燃耗加深而线性地积累。

7.2.2 氙毒(^{135}Xe)

^{135}Xe 是所有裂变产物中最重要的一种毒物，因为它的热中子微观吸收截面特别大(约 2.7×10^{-19} cm^2)，见图 7-2-2，在中子能量 0.08 eV 处，还有较大的共振峰，在热能区内，平均吸收截面约 3×10^{-22} cm^2。这种同位素在^{235}U 裂变的直接裂变产额约为 0.3%，但是绝大多数^{135}Xe 是由^{135}I 经 β 衰变而形成的，这可见于图 7-2-3 中质量数为 135 的裂变产物的衰变链。

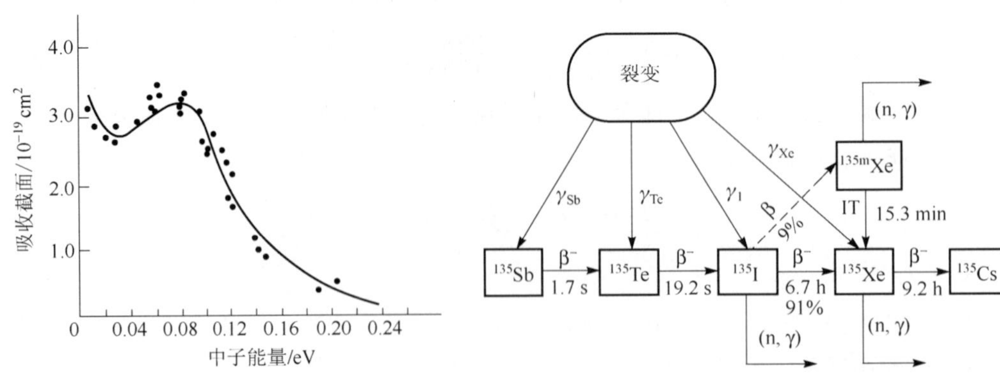

图 7-2-2 ^{135}Xe 吸收截面与中子能量的关系

图 7-2-3 质量数为 135 的裂变产物的衰变链

从图 7-2-3 可知，^{135}Sb 和^{135}Te 的半衰期都非常短，可以忽略它们在中间过程中的作用。

因此可以把^{135}Sb 和^{135}Te 的裂变产额与^{135}I 的直接裂变产额之和作为^{135}I 的裂变产额。另外，由于^{135}I 的热中子吸收截面仅为 $8\times10^{-24}\ \mathrm{cm}^2$，$T_{1/2}$为 6.7 h，当热中子通量密度为 $10^{14}\ \mathrm{cm}^{-2}\cdot\mathrm{s}^{-1}$时 $\sigma_a^I\phi/\lambda_I\approx10^{-4}$，即由吸收中子引起的损失项远小于衰变引起的损失项。因此，可以忽略^{135}I 对热中子的吸收，认为^{135}I 全部都衰变成^{135}Xe。这样，可以将^{135}Xe 衰变图简化，见图 7-2-4。

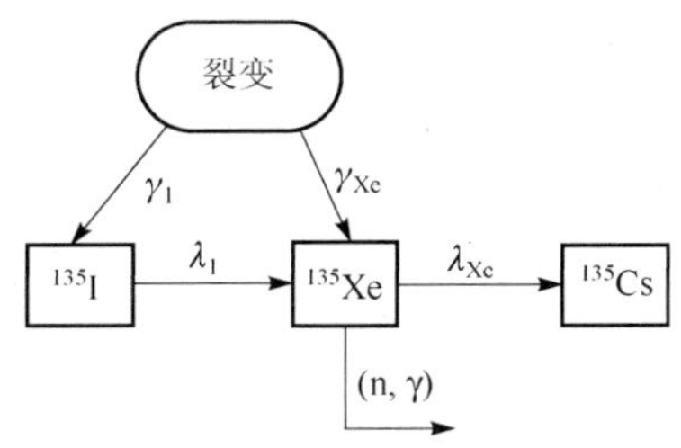

图 7-2-4　^{135}Xe 的简化产生和消失图

讨论最简单的单群中子情况。首先，建立^{135}Xe 和^{135}I 的浓度(随时间变化的)方程

$$\text{变化率} = \text{产生率} - \text{消失率} \tag{7-2-11}$$

(1) ^{135}Xe 的产生率

^{135}Xe 的产生率取决于裂变反应率和^{135}I 的衰变率，即：

$$\text{产生率} = \gamma_{Xe}\Sigma_f\phi + \lambda_I N_I \tag{7-2-12}$$

式中：γ_{Xe}——^{135}Xe 的裂变产额(约 0.3%)；

Σ_f——^{235}U 的宏观裂变截面；

ϕ——热中子通量密度；

λ_I——^{135}I 的衰变常数($2.87\times10^{-5}\ \mathrm{s}^{-1}$)；

N_I——^{135}I 的浓度。

(2) ^{135}Xe 的消失率

^{135}Xe 在堆芯的消失取决于它吸收中子变成了^{136}Xe 及通过 β 衰变成^{135}Cs 两个因素。

$$\begin{aligned} {}^{135}\text{Xe 的消失率} &= {}^{135}\text{Xe 的衰变率} + {}^{135}\text{Xe 的消失率} \\ &= \lambda_{Xe}N_{Xe} + \sigma_a^{Xe}N_{Xe}\phi \end{aligned} \tag{7-2-13}$$

式中：λ_{Xe}——^{135}Xe 的衰变常数($2.09\times10^{-5}\ \mathrm{s}^{-1}$)；

N_{Xe}——^{135}Xe 的浓度；

σ_a^{Xe}——^{135}Xe 的微观吸收截面；

ϕ——热中子通量密度。

所以，^{135}Xe 浓度随时间的变化率为

$$\frac{\mathrm{d}N_{Xe}}{\mathrm{d}t} = (\gamma_{Xe}\Sigma_f\phi + \lambda_I N_I) - (\lambda_{Xe}N_{Xe} + \sigma_a^{Xe}N_{Xe}\phi) \tag{7-2-14}$$

如果产生率大于消失率，则^{135}Xe 浓度增加；如果消失率大于产生率，则^{135}Xe 浓度减小。当产生率等于消失率时，^{135}Xe 浓度保持不变。其浓度的变化取决于宏观裂变截面、Xe 的浓度、中子通量密度及^{135}I 的浓度。

同样地分析^{135}I 浓度对随时间的变化率。

(3) ^{135}I 的产生率

$$^{135}\text{I 的产生率} = \gamma_I \Sigma_f \phi \tag{7-2-15}$$

式中：γ_I——^{135}I 的裂变产额(6.3%)；

$\Sigma_f \phi$——裂变反应率。

(4) ^{135}I 的消失率

因为^{135}I 的热中子吸收截面很小，在一般压水堆里可忽略其吸收中子的消失，所以，可以认为其消失率为其 β 衰变率，即

$$^{135}\text{I 消失率} = \lambda_I N_I \tag{7-2-16}$$

所以，^{135}I 浓度对时间的变化率为

$$\frac{dN_I}{dt} = \gamma_I \Sigma_f \phi - \lambda_I N_I \tag{7-2-17}$$

下面，讨论几种情况下的^{135}Xe 中毒现象：

1. 堆启动时^{135}Xe 中毒

对于新的堆芯，^{135}I 和^{135}Xe 的初始浓度为零。若反应堆在 $t=0$ 时刻，功率从 0 开始作阶跃增加，很快就达到了满功率，近似地认为 $t=0$ 时刻，中子通量密度瞬时达到额定值，并保持不变。这样求得堆启动后，^{135}I 和^{135}Xe 的浓度随时间的变化规律为

$$N_I(t) = \frac{\gamma_I \Sigma_f \phi}{\lambda_I}[1 - \exp(-\lambda_I t)] \tag{7-2-18}$$

$$N_{Xe}(t) = \frac{(\gamma_I + \gamma_{Xe})\Sigma_f \phi}{\lambda_{Xe} + \sigma_a^{Xe}\phi}\{1 - \exp[-(\lambda_{Xe} + \sigma_a^{Xe}\phi)t]\} + \frac{\gamma_I \Sigma_f \phi}{\sigma_a^{Xe}\phi + \gamma_{Xe} - \lambda_I}\{\exp[-(\lambda_{Xe} + \sigma_a^{Xe}\phi)t] - \exp(-\lambda_I t)\} \tag{7-2-19}$$

在图 7-2-5 中，给出了热中子通量密度为 10^{14} cm^2 · s^{-1}和宏观裂变截面为 0.10 cm^{-1}时的 $N_I(t)$和 $N_{Xe}(t)$函数。从图 7-2-5 上可以看到，反应堆在稳定功率运行工况下，在运行时间约 40～50 h，^{135}I 和^{135}Xe 的浓度就很接近平衡浓度了。

所谓平衡浓度是指^{135}I 或^{135}Xe 的产生率等于其消失率情况的浓度，即它们的浓度保持不变(饱和)，表示为

$$N_I(\text{饱和}) = \frac{\gamma_I \Sigma_f \phi}{\lambda_I} \tag{7-2-20}$$

$$N_{Xe}(\text{饱和}) = \frac{(\gamma_I + \gamma_{Xe})\Sigma_f \phi}{\lambda_{Xe} + \sigma_a^{Xe}\phi} \tag{7-2-21}$$

^{135}Xe 的反应性效应正比于其浓度

$$\rho = -P = \frac{\Sigma_a^p}{\Sigma_a^{235_U}} = -\frac{N_{Xe}\sigma_a^{Xe}}{\Sigma_a^{235_U}} \tag{7-2-22}$$

同样，产生率等于消失率时，氙毒反应性也达到平衡值，见图 7-2-6。对给定堆型的反应堆，平衡值的大小取决于中子通量密度水平。以表达式表示，也可得同样结果

$$P_0(\text{饱和}) = \frac{\sigma_a^{Xe}(\gamma_I + \gamma_{Xe})\Sigma_f \phi}{(\lambda_{Xe} + \sigma_a^{Xe}\phi)\Sigma_a^{235_U}} \tag{7-2-23}$$

将已知数据

$\gamma_I + \gamma_{Xe} = 0.06$，$\sigma_a^{Xe} = 2.7 \times 10^{-18}$ cm^2

$\lambda_{Xe} = 2.1 \times 10^{-5}\ s^{-1}$，$^{235}U$ 的 $\Sigma_f/\Sigma_a = 0.84$

代入(7-2-23)式，有

$$P_0 = \frac{2.7 \times 10^{-18} \times 0.06 \times 0.84\phi}{2.1 \times 10^{-5} + 2.7 \times 10^{-18}\phi} = \frac{1.4 \times 10^{19}\phi}{2.1 \times 10^{-5} + 2.7 \times 10^{-18}\phi} \tag{7-2-24}$$

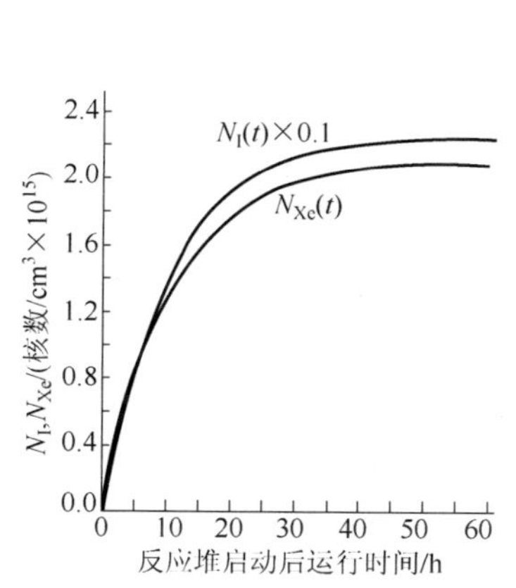

图 7-2-5　堆启动后的^{135}I 和 ^{135}Xe 的浓度随时间的变化

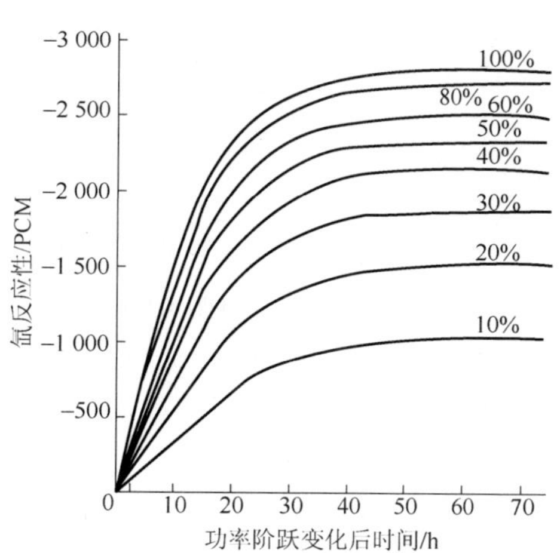

图 7-2-6　从零功率开始阶跃变化后的氙气反应性随时间变化

如果中子通量密度 ϕ 等于 $10^{11}\ cm^{-2} \cdot s^{-1}$或更小，则式(7-2-24)分母上的第二项与第一项相比可以略去，于是

$$P_0 \approx 7 \times 10^{-15}\phi \tag{7-2-25}$$

因此，当 ϕ 等于 $10^{11}\,cm^{-2} \cdot s^{-1}$或更小时，毒性可以忽略，当 $\phi \geqslant 10^{15}\ cm^{-2} \cdot s^{-1}$时，$\lambda_{Xe}$ 比起 $\sigma_a^{Xe}\phi$ 来小得多，可以忽略不计了，这样，式(7-2-23)给出的毒性就达到一个极值了。

$$P_0(\text{极值}) \approx (\gamma_I + \gamma_{Xe}) \cdot \frac{\Sigma_f}{\Sigma_a^{235}U} \approx 0.06 \times 0.84 \approx 0.05 \tag{7-2-26}$$

所以，高中子通量密度热中子反应堆运行时的^{135}Xe 毒性平衡值趋近于一极限值，约为0.05，见图 7-2-7。图 7-2-7 给出了平衡氙反应性相对于稳态的中子通量密度水平的变化。

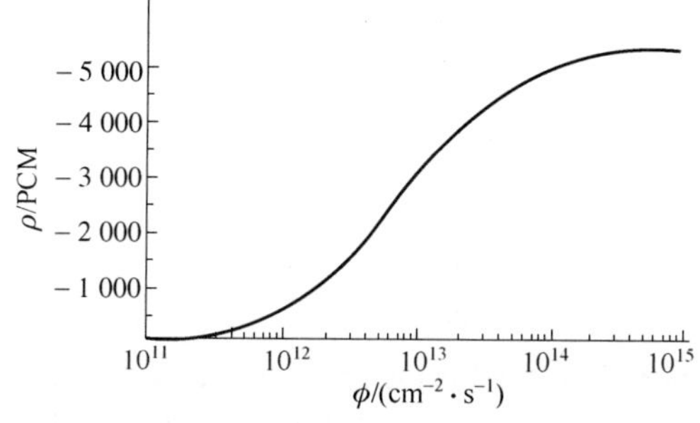

图 7-2-7　平衡氙反应性与稳态功率水平

典型的压水堆在满功率时的中子通量密度水平约为 $10^{13}\ \text{cm}^{-2}\cdot\text{s}^{-1}$。

例 一座压水堆反应堆以恒定的热中子通量密度 $2\times10^{12}\ \text{cm}^{-2}\cdot\text{s}^{-1}$ 运行 14 d，计算反应堆堆芯内氙毒反应性。

解 当反应堆在稳定中子通量密度情况下运行约 50 h，即达氙的平衡浓度时，运行了 14 d(折算 2×7×24＝336 h)，肯定已达平衡氙了。

此时

$$
\begin{aligned}
P_0 &= \frac{1.4\times10^{-19}\phi}{2.1\times10^{-5}+2.7\times10^{-18}\phi} \\
&= \frac{1.4\times10^{-19}\times2\times10^{12}}{2.1\times10^{-5}+2.7\times10^{-18}\times2\times10^{12}} \\
&= \frac{2.8\times10^{-7}}{2.1\times10^{-5}+5.4\times10^{-6}} = \frac{2.8\times10^{-7}}{2.64\times10^{-5}} \\
&= 0.010\,61\Delta k/k = 1\,061\ \text{PCM}
\end{aligned}
$$

所以氙毒反应性 $\rho=-1\,061$ PCM。

不同的堆芯会有不同的燃料装载，因而有着不同的 Σ_f 和 Σ_a。因为平衡氙浓度是 Σ_f 的函数，所以，对于不同的堆芯，即使同一中子能量密度水平的平衡氙浓度也是不同的，但是与之相关的氙毒反应性对所有堆芯是近似相同的，因为氙毒反应性是 Σ_f/Σ_a 的函数(此比值是个常数)。

2. 停堆后 ^{135}Xe 中毒

堆内 ^{135}Xe 的变化率是

$$
\frac{\mathrm{d}N_{Xe}}{\mathrm{d}t} = (\gamma_{Xe}\Sigma_f\phi+\lambda_I N_I)-(\lambda_{Xe}N_{Xe}+\sigma_a\cdot N_{Xe}\phi) \tag{7-2-27}
$$

反应堆停闭后，^{135}Xe 浓度的变化是很重要的，这在决定停堆深度时需要考虑。假设停堆后中子通量密度近似地降为零，即 $\phi=0$，所以裂变率与 ^{135}Xe 的直接产生率也近似地等于零。此时堆内存在的 ^{135}I 继续衰变成 ^{135}Xe，但 ^{135}Xe 却不能由于吸收中子而减少，它只能通过 β^- 衰变来减少。因此，(7-2-27)式变成

$$
\frac{\mathrm{d}N_{Xe}}{\mathrm{d}t} = \lambda_I N_I-\lambda_{Xe}N_{Xe} \tag{7-2-28}
$$

在开始，$\lambda_I N_I>\lambda_{Xe}N_{Xe}$，氙的产生率大于其衰变率，所以在停堆后的一段时间内，^{135}Xe 的浓度是增加的。但是，由于停堆后，没有新的 ^{135}I 产生，^{135}I 的浓度将由于衰变而逐渐减小。因此，^{135}Xe 的浓度不会无限地增加。对(7-2-28)式中右侧中的两种衰变率的变化进行比较表明，$\mathrm{d}N_{Xe}/\mathrm{d}t$ 变成越来越小的正值，^{135}Xe 浓度增长率在下降。当这两种衰变率相等($\lambda_I N_I=\lambda_{Xe}N_{Xe}$)时，$\mathrm{d}N_{Xe}/\mathrm{d}t$ 等于零，^{135}Xe 浓度达到了极值。然后，^{135}I 的衰变率变得小于 ^{135}Xe 的衰变率($\lambda_I N_I<\lambda_{Xe}N_{Xe}$)，$\mathrm{d}N_{Xe}/\mathrm{d}t$ 变成负值。^{135}Xe 浓度逐渐下降，当所有 ^{135}I 衰变完，^{135}Xe 仍然在衰减。

$$
\frac{\mathrm{d}N_{Xe}}{\mathrm{d}t} = -\lambda_{Xe}N_{Xe} \tag{7-2-29}
$$

下面讨论某压水反应堆在恒定中子通量密度 ϕ_0 情况下，运行了 2 d 后(堆内氙已达到了平衡浓度)突然停堆的情况。此时方程式(7-2-14)、(7-2-17)的初始条件为

$$
N_I(t=0) = N_I(\text{饱和})
$$

$$N_{Xe}(t=0)=N_{Xe}(\text{饱和}) \tag{7-2-30}$$

解方程可得到^{135}Xe浓度随时间的变化规律为

$$N_{Xe}(t)=e^{-\lambda_{Xe}t}\left\{\frac{\gamma_I\Sigma_f\phi_0}{\lambda_{Xe}-\lambda_i}[e^{(\lambda_{Xe}-\lambda_I)t}-1]+\frac{(\gamma_I+\gamma_{Xe})\Sigma_f\phi_0}{\lambda_{Xe}+\sigma_a^{Xe}\phi_0}\right\} \tag{7-2-31}$$

首先，讨论一下停堆时刻 $t=0$ 处，^{135}Xe浓度对时间的变化率

$$\left.\frac{dN_{Xe}(t)}{dt}\right|_{t=0}=\left[\frac{\sigma_a^{Xe}\gamma_I\phi_0-\gamma_{Xe}\lambda_{Xe}}{\sigma_a^{Xe}\phi_0+\lambda_{Xe}}\right]\Sigma_f\phi_0 \tag{7-2-32}$$

因为，

$$\frac{\Sigma_f\phi_0}{\sigma_a^{Xe}\phi_0+\lambda_{Xe}}>0$$

所以，存在着两种情况：

(1) $\sigma_a^{Xe}\gamma_I\phi_0-\gamma_{Xe}\lambda_{Xe}>0$，其变化率大于0，即要求 $\phi_0>\frac{\gamma_{Xe}\lambda_{Xe}}{\sigma_a^{Xe}\gamma_I}\approx 3\times 10^{11}\ cm^{-2}\cdot s^{-1}$；

(2) $\sigma_a^{Xe}\gamma_I\phi_0-\gamma_{Xe}\lambda_{Xe}<0$，其变化率小于0，即要求 $\phi_0<3\times 10^{11}\ cm^{-2}\cdot s^{-1}$。

实际的运行是：情况(1)，即压水堆核电厂在额定功率下运行时，ϕ_0 都较 $3\times 10^{11}\ cm^{-2}\cdot s^{-1}$ 大得多。因此，在刚刚停堆的一段时间里，^{135}Xe的浓度在增长。如果属于情况(2)，则意味着停堆后^{135}Xe的浓度是逐渐减小的，此时不可能出现最大^{135}Xe中毒现象。

停堆后，^{135}Xe的浓度从开始的平衡值上升到最大峰值，所需要的时间称为最大^{135}Xe浓度发生的时间，用 t_{max} 表示。对于一般的压水堆核电厂讲 $t_{max}\approx 11$ h。

根据(7-2-1)式所定义的毒性 P 应为

$$P(t)=\frac{N_{Xe}(t)\sigma_a^{Xe}}{\Sigma_a^{235U}}=\sigma_a^{Xe}\phi_0\frac{\Sigma_f}{\Sigma_a^U}\cdot\left[\frac{\gamma_I}{\lambda_{Xe}-\lambda_I}(e^{-\lambda_I t}-e^{-\lambda_{Xe}t})+\frac{\gamma_I+\gamma_{Xe}}{\lambda_{Xe}+\sigma_a^{Xe}\phi_0}e^{-\lambda_{Xe}t}\right] \tag{7-2-33}$$

图7-2-8给出了在不同热中子通量密度水平下，停堆后氙中毒随时间变化的规律。从图中可见，对热中子通量密度小于 $10^{13}\ cm^{-2}\cdot s^{-1}$ 情况，停堆后^{135}Xe毒性变化很小；对热中子通量密度大于 $10^{14}\ cm^{-2}\cdot s^{-1}$ 的情况，^{135}Xe毒性变化很大。

为了更好地讨论，将停堆前后^{135}Xe浓度和剩余反应性 ρ_{ex} 随时间的变化曲线放在一张图中，见图7-2-9。

从图中可见，ρ_{ex} 随时间的变化刚刚与^{135}Xe的相反。通常所谓的碘坑实应称为“氙坑”，因为在停堆后，^{135}Xe由^{135}I衰变而来，故人们习惯称为“碘坑”罢了。t_I 为碘坑时间，是指从停堆时刻开始，直到 ρ_{ex} 又返回到停堆时刻的值时的时间间隔。t_p 为允许停堆时间，是指在碘坑内，ρ_{ex} 仍大于零的时间，在这段时间内堆仍然可能启动起来。t_f 为强迫停堆时间，它表示，在这段时间内，$\rho_{ex}\leqslant 0$，堆无法启动起来。碘坑深度表示停堆后反应堆 ρ_{ex} 下降到最小值的程度，它与停堆前运行的中子通量密度水平有关。

停堆后氙中毒变化还与停堆方式有关。如果采用逐渐降低功率的方式停堆，而并非突然紧急停堆，则在停堆过程中，部分^{135}Xe和^{135}I因吸收中子和衰变而消失掉，所以这种停堆方式的碘坑深度要比后者的停堆深度小得多。

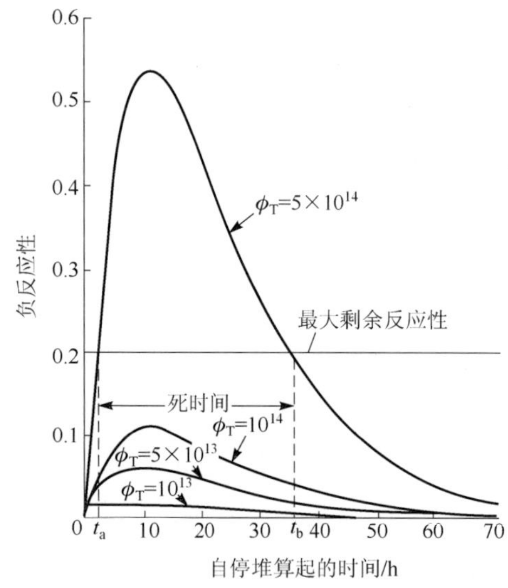

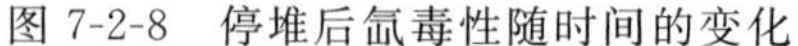
图 7-2-8 停堆后氙毒性随时间的变化

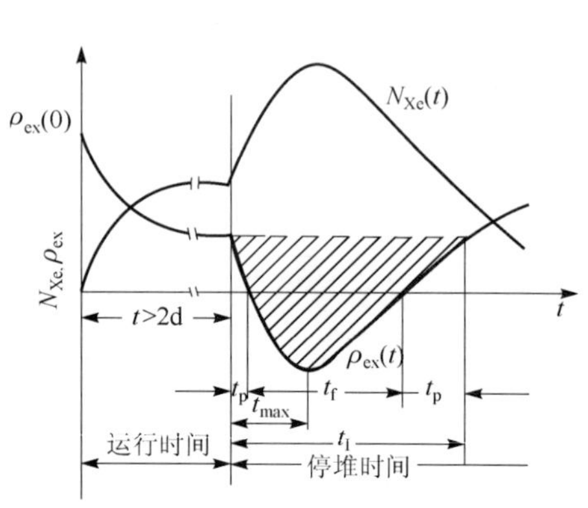

图 7-2-9 停堆前后，^{135}Xe 浓度和 ρ_{ex} 随时间的变化

3. ^{135}Xe 反应性瞬变

反应堆功率变化引起^{135}Xe 浓度的变化，从而引起反应性瞬变。假如反应堆在某一功率水平下，稳定功率运行了一段时间(^{135}Xe、^{135}I 已达到平衡浓度)，现在，在 $t=0$ 时，功率阶跃变化，堆内相应的热中子通量密度从 ϕ_1 变到 ϕ_2。堆芯内^{135}Xe 与^{135}I 的浓度也相应地变化，且与堆功率变化前后的中子通量密度有关。图 7-2-10 给出了堆功率变化前后，^{135}I、^{135}Xe 和剩余反应性随时间的变化。当功率阶跃降低时，^{135}Xe 的浓度和剩余反应性随时间的变化规律同突然停堆的情况很相似，只在变化程度上有所差异。当功率阶跃升高时，则情况与阶跃降低时的恰恰相反。

图 7-2-11 给出了 3 种阶跃功率变化：10%～100%，50%～100%，90%～100%。

剩余反应性变化是由于^{135}Xe 浓度的立即减少引起的。N_{Xe}的减少是因为其消耗率(σ_a，N_{Xe})增加引起的，其裂变生成率($\gamma_{Xe}\Sigma_f\phi$)也稍有增加，N_I不能瞬时改变，所以由^{135}I 衰变($\lambda_I N_I$)导致的^{135}Xe 的生成项不能马上改变，因此氙的产生率小于消失率，N_{Xe}减小。

随着 N_{Xe}的减小，氙的衰变项($\lambda_{Xe}N_{Xe}$)和消耗项($\sigma_a N_{Xe}\phi$)减少。在 N_I增加的同时，由^{135}I衰变导致的^{135}Xe 增加，当^{135}Xe 的产生率超过消失率时，氙浓度和氙毒反应性将增加。当 N_{Xe}增加，其消失率($\lambda_{Xe}N_{Xe}$和 $\sigma_a N_{Xe}\phi$)亦增加，最终使^{135}Xe 的产生率等于消失率，其氙浓度和氙毒反应性都达到一个较高的水平。

达到^{135}Xe 最大浓度的时间，取决于功率变化的大小和最终功率水平，它总小于 11 h。从反应堆启动到达^{135}Xe 平衡浓度的时间亦取决于功率变化的大小和最终功率水平，大约为 40～50 h。

对于反应堆功率先降低然后再增高的情况，氙的瞬变特性如图 7-2-12 所示，反应堆在 100%功率运行 2 d，然后功率下降到 50%运行 10 h 时，再提升到 100%，设初始氙浓度已达到其平衡值。

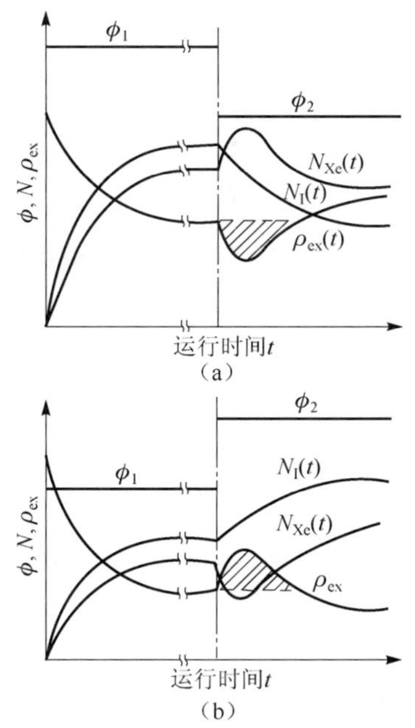

图 7-2-10　堆功率变化前后的^{135}I、^{135}Xe 浓度和剩余反应性随时间的变化规律

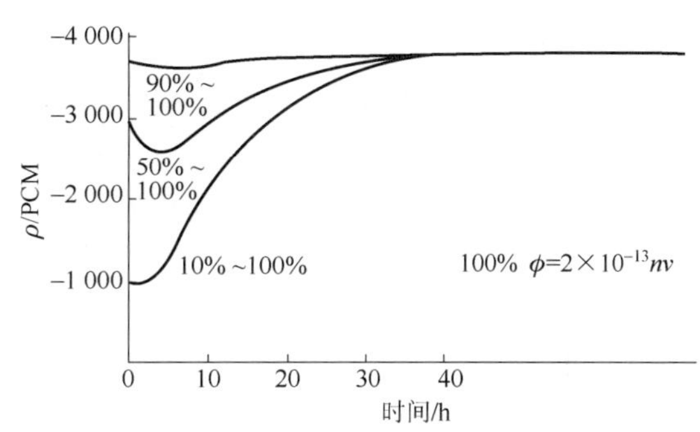

图 7-2-11　^{135}Xe 反应性瞬变（10%～100%、50%～100%、90%～100%）

当功率下降时，氙消耗（$\sigma_a N_{Xe}\phi$）马上减少，所以氙浓度增加；碘浓度由于中子通量密度水平下降（$\lambda_I\Sigma_f\phi$）而开始减小；随着 N_{Xe} 的增加，^{135}Xe 的衰变率（$\lambda_{Xe}N_{Xe}$）增加，即消失率增加。而减小的 N_I 将导致小的^{135}Xe 产生率（$\lambda_I N_I$）。大约 5～6 h 以后，氙的损失率将会超过产生率，N_{Xe}浓度开始下降。

如果不再提升功率，在 40～50 h 以后，氙浓度和氙毒反应性将会下降到 50%功率平衡值，10 h 后的功率提升将引起氙瞬变，其讨论方法与以前的考虑相同，不过这里初始氙浓度不处于 50%功率的氙平衡值，因为其平衡条件还未达到。

当功率线性变化时，氙毒反应性与功率阶跃变化相类似，因为^{135}Xe 和^{135}I 的衰变常数（$\lambda_{Xe}=0.076\ h^{-1}$，$\lambda_I=0.105\ h^{-1}$）在典型的压水堆中与一般的功率变化率比很小。图 7-2-13 中表示的是功率从 100%降到 50%经过了 3 h 的情况。从图中可见，功率线性变化时的氙毒效应与功率阶跃变化时的效应相类似。

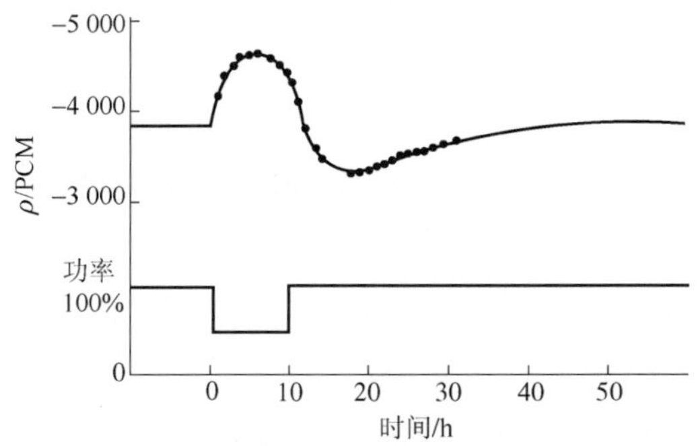

图 7-2-12　阶跃负荷变化时的氙反应性

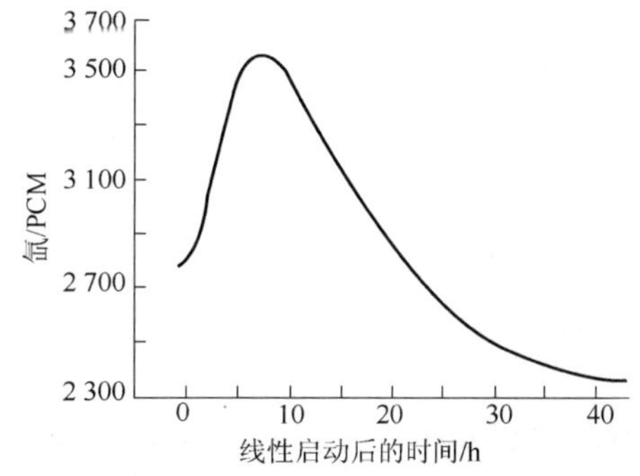

图 7-2-13　堆功率由 100%降至 50%的氙瞬变（3 h，线性）从 100%氙平衡开始，经 3 h，功率从 100%线性下降到 50%

4. 氙振荡

在前面所讨论的情况中，都假定了堆芯内热中子通量密度分布是均匀的，但实际上，中子通量密度分布是不均匀的，因此^{135}Xe的浓度也是不均匀的。下面就简单介绍一下^{135}Xe的不稳定性问题。

氙振荡是这样一种物理现象——在大型热中子反应堆中，局部区域内的中子通量密度的变化会引起局部区域^{135}Xe浓度和局部区域反应性的变化；反过来，局部区域反应性的变化也会引起^{135}Xe浓度的变化。此种情况下的彼此相互作用就可能使堆芯中^{135}Xe和中子通量密度分布产生空间振荡，见图 7-2-14。

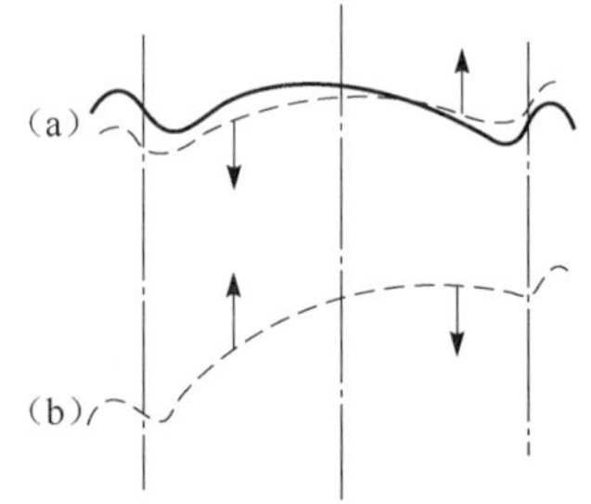

图 7-2-14　^{135}Xe振荡示意图

要产生^{135}Xe振荡现象是有条件的：

(1) 高热中子通量密度，一般要大于 $10^{13}\ cm^{-2}\cdot s^{-1}$

(2) 反应堆尺寸很大，一般堆芯尺寸要大于 30 倍徙动长度。

振荡周期约为 15～30 h。产生^{135}Xe振荡现象后，虽然局部区域的^{135}Xe浓度会有差别，但就整个堆芯而言，^{135}Xe的总量变化不大，因此堆的反应性也不会有大的变化。所以只有通过对局部区域的中子通量密度测量才能发现振荡现象。

堆内局部中子通量密度的增长，意味着该处产生更多的热量，这会超过预期值或超过反应堆事故分析的假设值。如果不加以控制会使某些燃料元件过热，以致引起局部损坏。^{135}Xe的振荡还会使堆内温度场发生交替变化，也会加速堆内材料应力破坏。

应该指出，由于^{135}Xe振荡周期较长，所以很容易用控制棒抑制^{135}Xe振荡现象。又，如果反应堆具有较大的负慢化剂温度系数，则也可以克服^{135}Xe的不稳定性，因为局部的温度变化会抵消由^{135}Xe引起的中子通量密度变化。

7.2.3　钐毒(^{149}Sm)

钐(^{149}Sm)是裂变产物中第二种重要的毒物，对堆的影响仅次于^{135}Xe。它的裂变产额仅为 1.13%，但是其热中子微观吸收截面 σ_a(2 200 m/s)很大，约为 $4.08\times10^{-20}\ cm^2$。图 7-2-15 给出了^{149}Sm的裂变产物链。

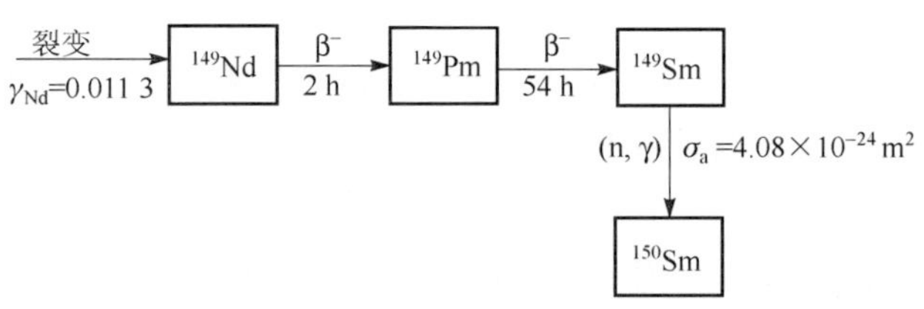

图 7-2-15　^{149}Sm裂变产物链

^{149}Sm是由^{149}Pm衰变产生的。所以

$$^{149}Sm\ 的产生率 = \lambda_{Pm}N_{Pm} \tag{7-2-34}$$

又，^{149}Sm与^{135}Xe不同，是稳定的同位素(其半衰期 $T_{1/2}>10^6$ a)。^{149}Sm唯一的消失途径是吸收中子，即

$$^{149}Sm + {}^1_0n \rightarrow {}^{150}Sm + \gamma \tag{7-2-35}$$

所以

$$^{149}Sm\ 的消失率 = \sigma_a^{Sm}\cdot N_{Sm}\cdot\phi \tag{7-2-36}$$

这样，可以写出^{149}Sm及^{149}Pm浓度对时间的变化率

$$\frac{dN_{Sm}(t)}{dt} = \lambda_{Pm}N_{Pm}(t) - \sigma_a^{Sm}\cdot N_{Sm}(t)\cdot\phi \tag{7-2-37}$$

$$\frac{\mathrm{d}N_{\mathrm{Pm}}(t)}{\mathrm{d}t}=\gamma_{\mathrm{Pm}}\Sigma_{\mathrm{f}}\phi-\lambda_{\mathrm{Pm}}N_{\mathrm{Pm}}(t) \tag{7-2-38}$$

1. 启动时堆的^{149}Sm 中毒

反应堆在刚启动时，$N_{\mathrm{Pm}}(0)=N_{\mathrm{Sm}}(0)=0$。根据此初始条件，得到^{149}Pm、^{149}Sm 随时间的变化规律

$$N_{\mathrm{Pm}}(t)=\frac{\gamma_{\mathrm{Pm}}\Sigma_{\mathrm{f}}\phi}{\lambda_{\mathrm{Pm}}}[1-\exp(-\sigma_{\mathrm{a}}^{\mathrm{Sm}}\lambda_{\mathrm{Pm}}t)] \tag{7-2-39}$$

$$N_{\mathrm{Sm}}(t)=\frac{\gamma_{\mathrm{Pm}}\Sigma_{\mathrm{f}}}{\sigma_{\mathrm{a}}^{\mathrm{Sm}}}[1-\exp(\sigma_{\mathrm{a}}^{\mathrm{Sm}}\cdot\phi\cdot t)]-$$

$$\frac{\gamma_{\mathrm{Pm}}\Sigma_{\mathrm{f}}\phi}{\lambda_{\mathrm{Pm}}-\sigma_{\mathrm{a}}^{\mathrm{Sm}}\phi}[\exp(-\sigma_{\mathrm{a}}^{\mathrm{Sm}}\phi t)-\exp(-\lambda_{\mathrm{Pm}}t)] \tag{7-2-40}$$

当时间足够长($t\rightarrow\infty$)时，可得^{149}Pm 和^{149}Sm 的平衡(饱和)浓度

$$N_{\mathrm{Pm}}(\infty)=\frac{\gamma_{\mathrm{Pm}}\Sigma_{\mathrm{f}}\phi}{\lambda_{\mathrm{Pm}}} \tag{7-2-41}$$

$$N_{\mathrm{Sm}}(\infty)=\frac{\gamma_{\mathrm{Pm}}\Sigma_{\mathrm{f}}}{\sigma_{\mathrm{a}}^{\mathrm{Sm}}} \tag{7-2-42}$$

由(7-2-42)式可见，^{149}Sm 的平衡浓度与热中子通量密度无关。这样可以求得由^{149}Sm 平衡浓度引起的毒性为

$$\rho\cong-P_{\mathrm{Sm}}=-\frac{N_{\mathrm{Sm}}(\infty)\sigma_{\mathrm{a}}^{\mathrm{Sm}}}{\Sigma_{\mathrm{a}}}=\frac{-\gamma_{\mathrm{Pm}}\Sigma_{\mathrm{f}}}{\Sigma_{\mathrm{a}}} \tag{7-2-43}$$

由于^{135}Xe 的热中子吸收截面远远大于^{149}Sm 的热中子吸收截面，而且^{135}Xe 还存在着放射性衰变，所以^{135}Xe 与^{149}Sm 相比，很快地就达到平衡浓度。图 7-2-16 给出净堆启动后^{149}Sm 引起的反应性随时间的变化。在约 400 h 后，^{149}Sm 达到平衡毒性。

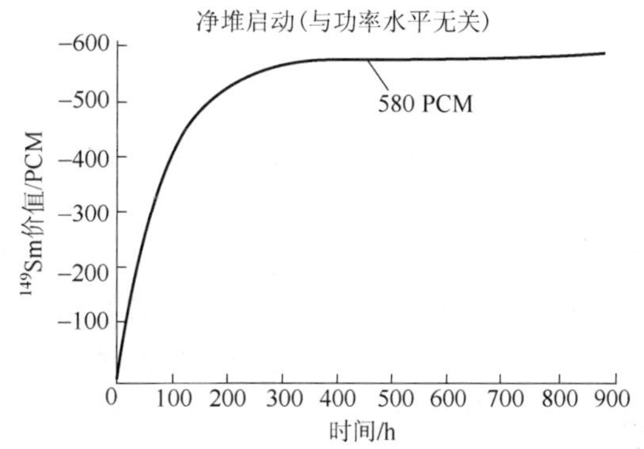

图 7-2-16　反应堆启动后的^{149}Sm 毒性随时间的变化

2. 停堆后的^{149}Sm 中毒

假设停堆前已经运行了相当长时间，堆内^{149}Pm 和^{149}Sm 都已达平衡浓度。当在 $t=0$ 时紧急停堆，此时^{149}Pm 、^{149}Sm 随时间的变化率为

$$N_{\mathrm{Pm}}(t)=\frac{\gamma_{\mathrm{Pm}}\Sigma_{\mathrm{f}}\phi}{\lambda_{\mathrm{Pm}}}\mathrm{e}^{-\lambda_{\mathrm{Pm}}t} \tag{7-2-44}$$

$$N_{\mathrm{Sm}}(t)=\frac{\gamma_{\mathrm{Pm}}\Sigma_{\mathrm{f}}}{\sigma_{\mathrm{a}}^{\mathrm{Sm}}}+\frac{\gamma_{\mathrm{Pm}}\Sigma_{\mathrm{f}}\phi}{\lambda_{\mathrm{Pm}}}[1-\mathrm{e}^{-\lambda_{\mathrm{Pm}}t}] \tag{7-2-45}$$

式中：ϕ——停堆前稳定功率运行时的热中子通量密度。

由(7-2-45)式可见，停堆后^{149}Sm 的浓度将随时间的增加而增长(见图 7-2-17)。式中第一项为^{149}Sm 的平衡浓度，第二项为停堆后^{149}Pm 变成^{149}Sm 的浓度。由于^{149}Pm 的平衡浓度与中子通量密度成正比，所以在较低的中子通量密度水平下停堆会引入较小的反应性增长，即在低功率停堆时，有较少的^{149}Pm 衰变成^{149}Sm。从 50%满功率停堆，经约 400 h 后，^{149}Sm 毒性的增长到－315 PCM，若从满功率停堆，则约增至－493 PCM。

图 7-2-18 给出了反应堆由满功率降至其 50%时，^{149}Sm 毒性随时间的变化。在功率变化后约 400 h，^{149}Sm 浓度回到其平衡值。^{149}Sm 的消失率（$\sigma_a^{Sm} \cdot N_{Sm}\phi$）变化开始为 ^{149}Pm 的产生率补偿。在任何功率水平，^{149}Sm 的浓度总会回到其平衡值，只要能有足够长的时间维持功率不变即可。

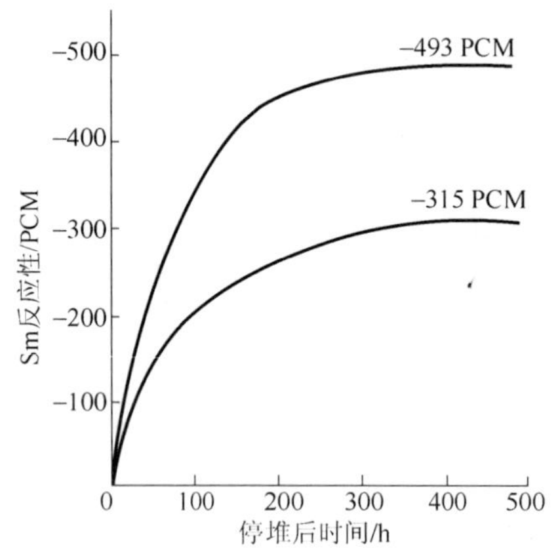

图 7-2-17 停堆后的 ^{149}Sm 毒性随时间的变化

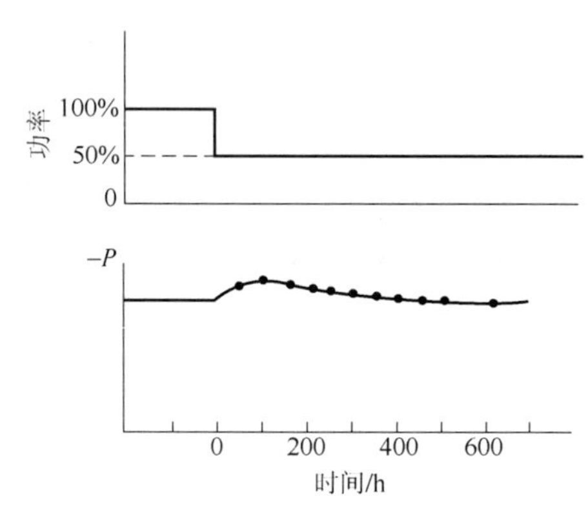

图 7-2-18 功率变化时的 ^{149}Sm 毒性随时间的变化

7.2.4 其他毒物

在所有裂变产物中，除了热中子吸收截面特别大的 ^{135}Xe 和 ^{149}Sm 外，还存在着其他一些核素。它们在整个运行过程中，不断积累并引入负反应性。由于它们的吸收截面较小、半衰期长，在整个反应堆运行过程中，它们引起的中子的消失率也较小，所以它们的浓度将随时间增长而不断地增加。这些裂变产物称为非饱和性（或永久性）的裂变产物。其中，比较重要的同位素有 ^{113}Cd，^{151}Sm，^{155}Eu 和 ^{157}Gd 等（它们的中子吸收截面都 $>10^{-20}$ cm^2）。

非饱和性裂变产物的浓度，随着积分中子通量密度（ϕt）的增加而增加。当堆运行时间较长时，燃料内非饱和性裂变产物的浓度较大，由它们引入的负反应性也较大，这将使堆的剩余反应性显著下降。

除了裂变产物以外，铀、镎和钚等一些同位素的积累也对反应性有明显的影响。这些同位素可与中子起不同的核反应，有时在核反应中还伴生 β 衰变。虽然它们本身不是裂变产物，但却是在裂变反应堆内产生的，并吸收中子，对反应堆整体毒性有贡献，因此需要考虑。最重要的核素是 ^{236}U，^{237}Np，^{239}Pu，^{240}Pu，^{241}Pu 和 ^{242}Pu。虽然 ^{239}Pu 和 ^{241}Pu 是易裂变同位素，但其非裂变的俘获截面却很大，所以它们也是堆的毒物。

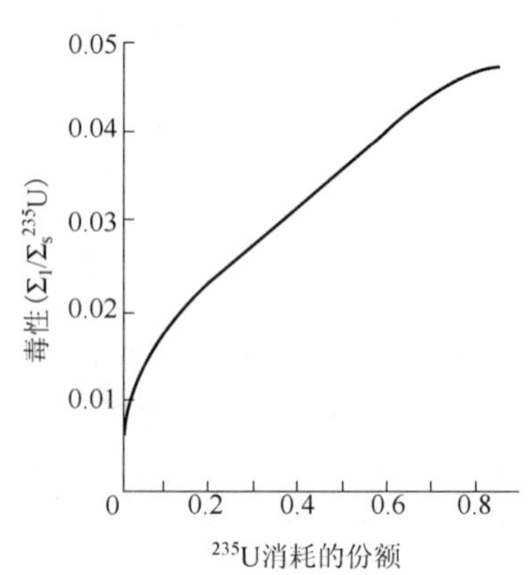

图 7-2-19 ^{135}Xe 除外的裂变产物毒性

对一座完全热化的反应堆，其毒性计算的结果表示在图 7-2-19 中。这里，^{149}Sm 和重同位素中毒效应已包括在内，但 ^{135}Xe 的除外。为简化计算，忽略毒物的放射性衰变影响。这引起的误差加上裂变产额和截面的误差不超过15%。对非完全热化系统，毒性要比图7-2-19中的大些，因为中子在共振区域被俘获的数目增加了。在压水堆中，在换料前，^{235}U的消耗份额通常不超过0.2。在完全热化的反应堆中，相应的毒性小于0.03（不计^{135}Xe）；对非完全热化的反应堆，可能会增加到0.04。

7.3　堆芯寿期、燃耗、核燃料转换与换料

7.3.1　堆芯寿期

反应堆的有效增殖因子k_{eff}降到1（即将控制棒全部提出和硼浓度降到最低）时，反应堆满功率运行的时间，称为堆芯寿期。

对一座新堆（或换料后的堆芯），其燃料装载量比临界质量要多，初始有效增殖因子k_{eff}比较大，即剩余反应性比较大，因此，必须用控制棒、硼酸毒物及可燃毒物棒来补偿，才能在反应堆中实现自持链式反应（反应堆临界）。随着运行时间的增长，k_{eff}逐渐减小。图7-3-1中给出了k_{eff}随燃耗的变化。

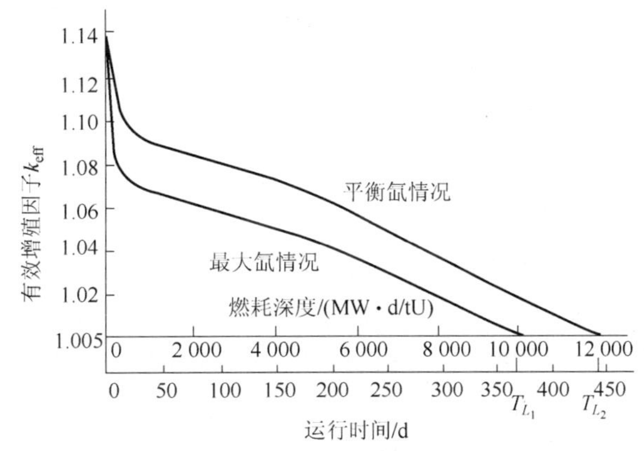

图7-3-1　k_{eff}随燃耗的变化

图7-3-1中给出两条曲线：一条（上）是平衡氙情况下的k_{eff}随燃耗的变化，另一条（下）则是最大氙情况下的k_{eff}随燃耗的变化。前者的堆芯寿期（T_{L_2}）较后者的堆芯寿期（T_{L_1}）长。当$t \leqslant T_{L_1}$时，反应堆在停闭后随时都可以启动；但在$T_{L_1} \leqslant t \leqslant T_{L_2}$时，停堆后某一段时间（强迫停堆期间）内启动不起来。

对压水堆核电厂运行，通常将堆芯寿期分为寿期初（BOL）、寿期中（MOL）及寿期末（EOL）3阶段。

7.3.2　燃耗

在压水堆电厂中，通常将单位质量燃料所发出的能量，称为燃耗。

$$\alpha = \frac{N_t \cdot t}{W_U} \qquad \text{单位：MW·d/tU} \qquad (7\text{-}3\text{-}1)$$

式中：W_U——核燃料质量tU；

$N_t \cdot t$——核燃料所发出的能量（MW·d）。

由此可见，燃耗是燃料贫化的一种度量，分子表示了反应堆积分能量的输出。除了采用单位MW·d/tU度量外，积分功率可采用有效满功率天（EFPD）或有效满功率小时（EFPH）单位。1 EFPD表示反应堆在100%满功率下运行24 h。1 EFPH表示反应堆在100%功率下运行1 h。但在50%功率下运行2 h，在25%功率下运行4 h都是1 EFPH。每个核电厂具有不同的额定功率，因此两个不同的电厂不能用EFPH来比较。但用MWd/tU描

述的核燃料的一种性质，对比较不同核电厂的燃耗是很重要的量。广东大亚湾核电厂的最大燃耗，约为 38 500 MW·d/tU，而其平均燃耗约为 33 000 MW·d/tU。

例 计算一座其核燃料装载为 100 t(UO_2)、热功率为 3 411 MW 的核电厂换料时的积分功率(EFPH)(在第一循环，预计燃耗是 13 000 MW·d/tU)。

解 铀的质量$=100\times\dfrac{238}{270}=88.148$ t

积分功率(EFPH)=(88.148 tU)(13 000 MW·d/tU)·(24 h/d)·(1 EFPH/3 411 MW)=8 063 EFPH。

为了描写 k_{eff} 随燃耗的下降，引入了"燃耗系数"。燃耗系数定义为由燃耗向堆芯引入反应性的变化速率，其单位以 PCM/EFPH 表示之。

例 一座典型的压水堆，堆芯寿期初的 $k_{\text{eff}}=1.26$，寿期末 $k_{\text{eff}}=1.05$，如果总的积分功率是 10 400 EFPH，试求燃耗系数。

解 反应性变化量 $\Delta\rho=(\ln\dfrac{1.26}{1.05})10^5=18\ 232$ PCM

所以燃耗系数$=\dfrac{18\ 232\ \text{PCM}}{10\ 400\ \text{EFPH}}=1.75$ PCM/EFPH。这意味着每 EFPH 的燃耗减少的反应性约为 1.75 PCM。

从压水堆内堆芯卸出的燃料所达到的燃耗，称为卸料燃耗。平均卸料燃耗直接与电厂的经济性有关，是重要的设计指标之一。提高平均卸料燃耗可有多种措施：如堆芯分区装料，采用硼酸溶液来控制反应性和功率展平；采用稳定性良好的 UO_2 燃料元件；选取适当的燃料芯块密度，以利于裂变气体的释放和防止密集化效应；燃料几何设计；选用 Zr-4 合金做燃料元件包壳……目前，压水堆核电厂的平均卸料燃耗已大于 30 000 MW·d/tU。

最后讨论一下"延伸运行"的问题。

"延伸运行"系指提高燃料燃耗达到延长换料周期的运行方式。这可以通过降低功率或利用与氙毒、燃料温度和空泡有关的反应性来实现。例如，可以降低冷却剂的平均温度或降低功率来实现延伸运行。降低冷却剂平均温度的延伸运行较降低功率经济上更有利。因为这可以在较高的功率下再运行一段时间。

7.3.3 核燃料转换

自然界存在的易裂变核素目前只有 ^{235}U，而且在天然铀中它也只占约 0.7 %(约 99.3% 为 ^{238}U)。

现在，对压水堆核电厂，核燃料主要是经过铀—钚循环，其核反应如下：

$$^{238}U(n,\gamma)^{239}U\xrightarrow[T_{1/2}=23\ \text{min}]{\beta^-}{}^{239}Np\xrightarrow[T_{1/2}=2.3\ \text{d}]{\beta^-}{}^{239}Pu \qquad (7\text{-}3\text{-}2)$$

通常将可用来生产易裂变同位素的核素 ^{238}U 称为可转换核素；而通过可转换同位素产生易裂变核素的过程，称作转换。通常，压水堆电厂中核燃料的富集度约 2%～3%，经过一年左右的运行，卸下的燃料中含约 0.8%的 ^{239}Pu。如果将所产生的 ^{239}Pu 从卸下的燃料中提取出来，加工成新燃料再装入堆内或在新堆中加以利用，这样的过程就称之为铀-钚循环。

核燃料利用是核反应堆运行中必须考虑的一个重要方面，因为它关系到易裂变材料与可转换材料的最优利用问题。在通常的压水堆内，可转换材料 ^{238}U 转换生成易裂变的 ^{239}Pu

（后者的一部分，在运行期间参与核裂变反应）。然而，所产生的^{239}Pu核总数小于所消耗的易裂变核素^{235}U核的总数。为了充分利用天然铀的可用能量必须进行增殖，此时产生的易裂变材料量大于所消耗的数量。

压水堆的核燃料利用效率可以表示为其中生成的易裂变核数（各种核）与所消耗的易裂变核数之比。当这一比值小于或等于1.0时，称之为转换比（CR），而当其大于1.0并实现增殖时，则称之为增殖比（BR）。可用几种方法来定义此比值，这里转换比与增殖比均定义为

$$\text{CR 或 BR} = \frac{\text{产生的易裂变核数}}{\text{消耗的易裂变核数}} \tag{7-3-3}$$

其中，产生与消耗的易裂变核数一般均取两次换料期之间的积分值。在压水堆内，易裂变核包括^{235}U、^{239}Pu与^{241}Pu。

原则上讲，若已知核反应堆内的核成分和中子能谱与空间和时间的函数关系，则可算出转换比或增殖比。但在实际上，进行这种计算非常困难，因此采用了许多近似计算方法。此外，将整个核反应堆分为各含给定成分的若干区，可以求出局部转换比或增殖比。然后将整个运行期间各时间间隔内的易裂变核产生与消耗数分别相加，就可求得给定的反应堆系统的净转换比或增殖比。

在以下的处理中，不准备计算总的（或净）转换比或增殖比。然而，通过讨论某一时刻（或较短的时间间隔）的转换比或增殖比，可以得出很有用的半定量结果。为此目的，方程可改写为

$$\text{CR 或 BR(某一时刻)} = \frac{\text{易裂变核产生率}}{\text{易裂变核消耗率}} \tag{7-3-4}$$

其中的产生率与消耗率均取某一时刻的值。在核反应堆运行期间，由此式算出的比值一般将不断变化，此点在以下讨论中必须记住，将上式分子与分母对整个核反应堆运行期积分，就可求得增殖比或转换比。

压水堆电厂的初始转换比为0.6左右。在正常运行的堆芯寿期内，所生成的钚大致有一半以上在裂变反应中消耗掉，另外约六分之一因中子俘获反应而损失。剩余的钚可由乏燃料内回收。在压水堆内产生的热能中，约有三分之一来自^{239}Pu与^{241}Pu的核裂变过程。

对于一座分3区的新堆芯（SNUPPS核电厂），其堆芯寿期初和寿期末的堆芯燃料富集度见表7-3-1。

表7-3-1 SNUPPS堆芯燃料富集度

燃料	燃料富集度质量分数/%					
	堆芯寿期初（BOL）			堆芯寿期末（EOL）*		
	Ⅰ区	Ⅱ区	Ⅲ区	Ⅰ区	Ⅱ区	Ⅲ区
^{235}U	1.6	2.4	3.1	0.7	1.3	1.9
^{238}U	98.4	97.6	96.6	98.8	98.2	97.6
Pu	0	0	0	0.5	0.1	0.5

* 循环燃耗＞12 000 MW·d/tU

增殖堆的情况不同，在其堆芯内含有易裂变材料与可转换材料，而周围的转换区内一开

始时，只含有可转换材料。在运行之后，堆芯及转换区的可转换材料内均有易裂变核素生成，转换区内的中子是由堆芯泄漏出来的。在商用快中子堆内，采用钠冷却剂，二氧化钚-239（易裂变材料）及二氧化铀-238（可转换材料）。可望获得大约 1.2 的增殖比。

关于燃耗和转换对 k_{eff} 的影响，可见简化的表 7-3-2。此表给出了堆芯寿期初（新燃料组件）和 3 循环寿期末（卸料组件）的中子平衡关系。这是对中子的产生与损失的比较。对任何给定的燃料组件，在稳定运行时（$k_{eff}=1$），中子的产生必须等于中子的损失。由表 7-3-2 可见，新燃料情况下，泄漏与控制的中子数约占 17%。这说明在新燃料中有过剩的中子产生。但在一个准备卸出的燃料组件中，中子是不足的，是要从邻近燃耗较浅的燃料组件补充一些中子的，表中"－39"的负号就表示不足之意。燃耗和转换对 k_{eff} 的影响也可见图 7-3-2。

表 7-3-2　压水堆燃料组件内的中子平衡

压水堆燃料组件简化的中子平衡（假设 1 000 中子/代）		
	新燃料	卸料
吸收和裂变		
^{235}U	374	144
^{238}U	31	35
^{239}Pu	0	195
俘获和吸收		
^{235}U	96	40
^{238}U	260	290
Pu	0	170
水和结构材料	68	65
裂变产物	0	100
泄漏和控制	171	－39
总中子数	1 000	1 000

7.3.4　换料

压水堆换料是堆内燃料管理的重要内容。

1. 换料周期

在对压水堆换料时，一般并不是将整个堆芯的燃料一次都换掉，而是只更换一部分。两次换料之间的时间间隔，称为换料周期。

换料周期的选取必须全面考虑，一定要适当。因为这直接与经济和安全有关。若换料周期较短，虽然可以允许堆的初始剩余反应性较小，因而控制棒的数目（或控制毒物数量）可以减少，这样发出一定功率所需的核燃料装载量也可以减少，经济上有好处。但如果换料周期太短，停堆频繁，这又有不利之处。现在世界上的压水堆电厂，换料周期一般为一年或 18 个月，每次只更换约 1/3 的堆芯燃料装载量。

2. 换料方案

目前，压水堆电厂的堆芯都采用分区装料的办法，见图 7-3-3。在这种堆芯装料方式中，共分 3 区，最外一区是富集度较高（约 3%）的燃料，中心区则采用不同富集度（一种约 2%，一种约 2.5%）的燃料交替排列着。在换料时，新的燃料组件（约 3%富集度）装在最外区，而原来在外区已照过的燃料组件分散交替地装在中心区。燃料组件在卸出堆芯前一般要烧 4 个循环（外-内三区、内-外三区、外-内交替、低泄漏）。

对压水堆电厂，燃料管理的一种新概念，称为"低泄漏装料方案"（LLLP）。这种方案改善了铀的利用，也增加了灵活性。低泄漏装料方案是将上一次用过的燃料组件放在堆芯的外围，由于这些燃料组件贫化了，因此，中子通量密度比通常装在堆芯外区的新燃料组件的要低。由于堆芯外围的这些燃料组件处中子通量密度较低，所以中子泄漏出堆芯的就少了。

中子泄漏减小导致堆芯的净反应性增加，从而使燃料循环期增长，又中子泄漏的减小也减缓了堆压力容器的辐照脆化。

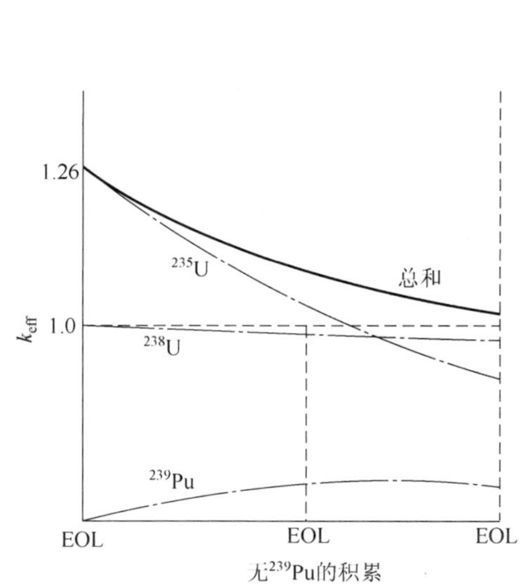

图 7-3-2　燃耗和转换对 k_{eff} 的影响

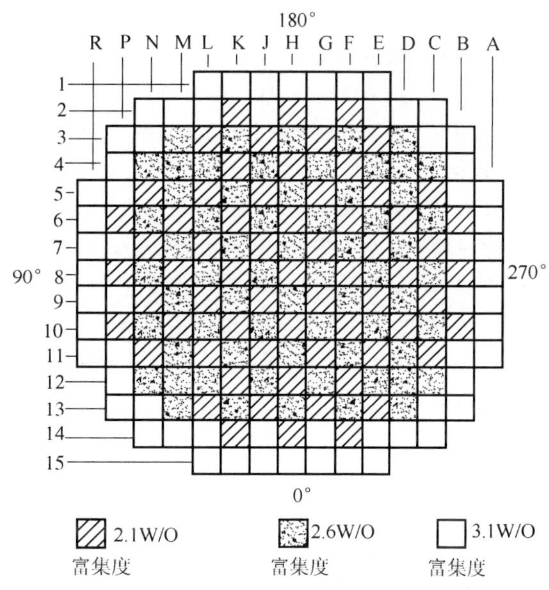

图 7-3-3　典型 4 环路压水堆堆芯燃料装载示意图

复习思考题

1. 什么是裂变产物？什么是裂变毒物？
2. 给出反应堆内毒物的定义。
3. 给出^{135}Xe 的简化衰变图。
4. 什么是^{135}Xe 平衡浓度(即饱和浓度)？反应堆启动后运行多久可达饱和值？
5. 分析书中图 7-2-8。
6. 分析书中图 7-2-9。
7. 什么是氙振荡？产生氙振荡现象的条件是什么？
8. 钐毒的特点是什么？
9. 什么是堆芯寿期？
10. 什么是燃耗？
11. 什么是燃耗系数？
12. 什么是卸料燃耗？提高卸料燃耗的措施是什么？现在压水堆核电厂平均卸料燃耗大约是多少？
13. 给出转换比或增殖比的定义。压水堆核电厂的转换比约多大？
14. 什么是换料周期？一般换料周期为多久？

参考文献

[1] 郑福裕. 压水堆核电厂运行物理导论. 北京:原子能出版社,2009.

[2] 杨福家. 原子物理学. 4版. 北京:高等教育出版社,2005.

[3] 卢希庭. 原子核物理(修订版). 北京:原子能出版社,2001.

[4] 谢仲生. 核反应堆物理分析(修订本). 西安:西安交通大学出版社,2004.

[5] 谢仲生. 核反应堆物理分析(上册). 北京:原子能出版社,1994.

[6] J.R.拉马什. 核反应堆理论导论. 洪流译. 北京:原子能出版社,1977.

[7] 格拉斯登. 原子核反应堆理论纲要. 北京:科学出版社,1958.

[8] 郑福裕. 反应堆周期定义的讨论. 核动力运行研究,2006,19(3):1.

[9] 美国核管会培训中心. 核电厂培训教程. 孔昭育,译. 北京:原子能出版社,1992.

[10]《中国电力百科全书》编辑委员会. 中国电力百科全书·核能及新能源发电卷. 2版. 北京:中国电力出版社,2001.

中文索引

（本索引按汉语拼音排序，每个词条后面的数字是它在本书中首次出现的页码）